广西民族服饰
元素与运用

黄玉立　著

中国纺织出版社有限公司

内 容 提 要

本书对广西少数民族服饰进行了系统的梳理，按照民族进行分类，全面介绍广西各少数民族的服饰特点及其独特的服饰文化，从艺术审美、人文内涵和文化寓意等多个方面对其服饰色彩、图案、款式及造型、面料艺术、工艺制作方法等进行阐述，并结合创新设计应用实例，详细阐述了广西少数民族服饰元素及其应用。不仅向读者分享了广西灿烂的服饰文化，而且具有较强的实践指导作用。

本书可供服装设计专业师生参考阅读。

图书在版编目（CIP）数据

广西民族服饰元素与运用 / 黄玉立著 . -- 北京：
中国纺织出版社有限公司，2023.5
ISBN 978-7-5229-0548-8

Ⅰ.①广… Ⅱ.①黄… Ⅲ.①少数民族 － 民族服饰 －
服饰文化 － 文化研究 － 广西 Ⅳ.①TS941.742.8

中国国家版本馆 CIP 数据核字（2023）第 078794 号

责任编辑：亢莹莹　　责任校对：寇晨晨　　责任印制：王艳丽

中国纺织出版社有限公司出版发行
地址：北京市朝阳区百子湾东里 A407 号楼　邮政编码：100124
销售电话：010—67004422　传真：010—87155801
http://www.c-textilep.com
中国纺织出版社天猫旗舰店
官方微博 http://weibo.com/2119887771
北京通天印刷有限责任公司印刷　各地新华书店经销
2023 年 5 月第 1 版第 1 次印刷
开本：787×1092　1/16　印张：10.5
字数：211 千字　定价：88.00 元

　　广西壮族自治区简称广西，美丽的八桂之地，是少数民族聚集地。除了汉族，还包括壮族、苗族、瑶族、侗族、仫佬族、毛南族、回族、京族、水族、彝族、仡佬族等。在少数民族聚居的农村，特别是在比较偏远的山区，服饰仍保留本民族的特色。少数民族服饰多姿多彩，服饰文化内容丰富，有取之不尽的服饰资源。较富有特色的如壮族有"黑衣壮""壮锦"，苗族有"花苗"，瑶族有"白裤瑶"等。在少数民族传统节日，人们会盛装庆祝。如壮族传统的"三月三"歌节，人们身着盛装举行盛大的"歌圩"活动，除传统的歌圩活动外，还会举办抢花炮、抛绣球、碰彩蛋及演壮戏、舞彩龙、擂台赛诗等丰富多彩的活动。服饰在民族活动中发挥很大的作用，试想一下，在如此热闹的场景下，如果人们都没有穿着少数民族服饰，而是普通的运动装或休闲装，那将会失去很多民族味道和气氛。

　　随着商品经济的发展，外来文化给少数民族地区带来发展和进步，同时也带来了时尚、活力、新潮的服饰。少数民族服饰汉化的现象越来越严重，逐渐变成了珍贵的遗产，为什么少数民族服饰离我们越来越远？

　　从服饰本身来看，首先，制作原汁原味的少数民族服饰成本很大。从原材料加工到纯手工到制作生产，而且服装用料多，装饰烦琐，工艺复杂，需要耗费大量的时间成本和人力资源，不是所有人都有能力购买。其次，在日常生活中，穿着少数民族服饰工作会带来诸多不便，而且难以洗涤，如苗族的头饰大都是银饰品，重量有的高达10斤左右，从单个头饰的重量和体积来看，佩戴头饰或多或少会影响正常的工作。最后，当今人们希望尝试时尚、个性、独特的服饰和生活用品，期待与众不同，对于传统民族服饰只是拿来欣赏和传承保护。这些服饰本身存在的问题是内在原因。

　　从外在环境分析，进入经济社会高速发展的今天，随着城市化进程的加速，越来越多的少数民族为了获得更大的发展空间离开家乡来到城市，在给城市生活带来生机活力的同时，也造成少数民族地区老龄化和幼龄化的局面。青年人纷纷来到城市学习和工作，学习新的文化和技术，而制作少数民族服饰的工艺都保留在少数民族地区老年人的手中。

青年人喜欢接触新鲜的知识和文化，融入科技高速发展的城市，不再热衷于学习传统的手工艺，导致少数民族文化工艺断层的局面，是少数民族服饰文化日渐衰落的另一个重要原因。

如何拯救少数民族文化工艺面临的危机，已经成为人们关注的焦点，社会各界也在努力做着力所能及的事情。少数民族地区开展旅游业，吸引游客前往参观、旅游，游客拍照留念并购买少数民族纪念品与朋友分享；民族学家、人类学家下田野实地调研，搜集传统工艺，写论文或发表专著，呼吁人们对少数民族文化予以更多关注；服装设计师也善于将少数民族风格作为设计主题，赢得了大众的喜爱。这些努力都取得了一定的成效。

广西民族服饰特色鲜明、种类丰富、历久弥新，并且与时代相互融合发展，是广西重要的文化元素。

本书对广西少数民族服饰进行了系统的梳理，按照民族进行分类，全面介绍广西各少数民族的服饰特点及其独特的服饰文化，从艺术审美、人文内涵和文化寓意等多个方面对其服饰色彩、图案、款式及造型、面料艺术、工艺制作方法等进行阐述，并结合创新设计应用实例，详细阐述了广西少数民族服饰元素及其应用。不仅向读者分享了广西灿烂的服饰文化，而且具有较强的实践指导作用。

感谢为本书提供案例的学生，由于笔者水平有限，疏漏和错误之处在所难免，恳请专家、同行和使用者不吝赐教。

编者

2022 年 11 月

C O N T E N T S 目录

第一章　导论

第一节　研究背景

近年来，广西少数民族传统服饰越来越引发人们的关注，这不仅因为广西少数民族服饰自身的独特魅力和商用价值巨大，更因为广西少数民族服饰文化的日益衰弱，引发人们对传统少数民族服饰文化未来发展的热议。充斥在社会舆论中的观点不外乎两种：一种观点认为没有什么东西是一成不变的，传统文化在社会发展的大趋势下优胜劣汰，衰弱的都是糟粕，无所谓传承与保护。另一种观点认为随着经济全球化的日渐加深，传统少数民族服饰文化受到较大冲击，在外来文化入侵、商品经济的打压、人们消费观念的改变等因素的影响下，原本小农经济时代产生的服饰文化日益没落。但这不是因为文化本身的落伍造成的，少数民族服饰有很多值得现代人们学习和利用的地方，因此，保护广西少数民族传统服饰文化刻不容缓。

文化变迁是一切文化发展潮流中的永恒现象。从人类文明的发展历程来看，在传统小农经济社会向现代商品经济社会、农业文明向工业文明转型的过程中，广西少数民族传统服饰文化受到巨大冲击是难以避免的。但是，优秀的少数民族传统文化是一定要继承和保护的。要传承和保护广西民族传统服饰文化就要从人们的审美观念、价值观念、政府支持和先进技术等方面入手。政府应该起到带头作用，从政策、资金、传统文化教育等方面引导民间对少数民族服饰文化的价值观念，扩大文化受众范围，再利用先进的科学技术对即将消失和已经消失的传统工艺进行保护和修复，采取各种措施保护广西少数民族传统服饰文化。政府和民众共同努力做好广西少数民族服饰文化的保护和传承工作。

广西少数民族传统服饰有着十分独特的魅力和无比深厚的文化底蕴，是中华民族不可或缺的文化瑰宝和文化财富。其中很多独特的、富有魅力的文化常常带给我们设计灵感，让优秀的传统民族服饰文化在现代服装设计中大放异彩。

第二节　研究综述

一、广西少数民族服饰文化的发展综述

广西是全国少数民族人口最多的省（区），在其境内有壮、汉、瑶、苗、侗、仫佬、毛南、回、京、彝、水、仡佬12个世居民族。各民族在长期的历史发展中形成了自身特有的传统服饰文化。丰富多彩的服饰文化是中华文化中的艺术瑰宝，在中华民族生生不息的历史长河中不断滋养壮大。

发展广西少数民族服饰文化对于促进民族交流、维护民族团结至关重要。广西虽然民族众多，但一直坚守"团结和谐、爱国奉献、开放包容、创新争先"的精神，是全国民族团结典型示范区之一。各民族由于历史发展、风俗习惯、信仰、生产方式等不同，形成了各自内涵丰富、种类繁多的服饰文化，精彩纷呈，各具魅力。在重大节庆日，各族人民身穿本族服装，盛装出席，载歌载舞。服饰成为大家互相交流的一个介质，通过服饰可以了解该族的文化、信仰等。尤其是边境民族作为内外交流的重要窗口，将服饰作为一种直观性的视觉体现，达到某种心灵上的共鸣与不言而喻的沟通。尊重、保护和发展少数民族的优秀传统服饰文化，体现了我国各民族平等的原则，有利于维护民族团结，从而维护国家稳定，推动社会发展。

少数民族服饰文化是对少数民族生产生活方式和美好追求的无字记载。一些服饰由壮锦与苏锦结合设计，纯手工制成，饰以福图案，表达了吉祥如意、民族团结的寓意；另一些则采用亮布、丝线制成，饰以双飞鸟图案，表现了壮族人民的勤劳与智慧、向往幸福与美满的生活，其种类繁多，寓意万千。中国京族唯一的居住地在广西，他们世代依海而居，靠海为生，形成了面料纤薄、穿着飘逸、色彩明亮的独特的海洋服饰文化特色，体现了京族人独有的生活方式，记录了他们自己的传统文化。

民族服饰文化作为民族文化的外在表现，生动形象地展示着各民族、各支系自身的精神内涵。

二、广西少数民族服饰文化发展现状分析

（一）多种民族服饰元素相互碰撞

广西各民族在服饰方面虽能碰撞出不同的火花，但在交往、交流、交融过程中必定

会产生一些摩擦。每个人都有自己的民族归属和与生俱来的对本民族的认同感及自豪感。少数人对本民族服饰文化盲目自信，在与其他少数进行民族服饰文化交流中，产生抵触心理，不愿意接受其他民族文化，只想发展壮大本民族的服饰文化。但中华文化自古以来就秉承着面向世界、博采众长的宗旨，若仅以一种服饰为大，缺少不同民族文化之间的交流、借鉴和融合，不能谦虚谨慎地学习其他优秀文化，只会导致故步自封。同时，广西边境存在多个少数民族，与国外不同民族多有接触，对本民族服饰文化不坚定者必定会受到外来不良思想的渗透，被破坏分子利用。

（二）民族服饰制作技艺传承人断层现象逐渐凸显

部分少数民族人口较少，专门从事服饰制作技艺传承的人员更是少之又少，其传承主要为师传和祖传两种方式，培养途径比较单一，空心村和传统技艺不断衰落现象凸显。究其原因，主要是生存困境和发展问题对服饰制作技艺传承人提出考验。传统的服饰制作以长者居多，手工见长，虽然精美但耗费时间长，产出数量少，耗费较多人力、物力，人们不足以靠此技艺维持生活供应。另外，现在年轻人受教育程度普遍提高，社会价值观发生变化，外出求学和打工者较多，对传统服饰制作缺乏深入了解，即使是传承人的子女，也会为大千世界所熏陶，对是否继承上辈人的心血思虑再三。随着现代化进程的加快，他们随处可以买到物美价廉的服饰，而不会去花很长时间专门制作一件手工费较高的服饰。广西地区虽有浓厚的民族氛围，但相对于东部沿海城市，其经济发展水平有待进一步提升，招不来、留不住、传不下去的现象时刻提醒着我们服饰制作方面非遗传承人才的弥足珍贵。

（三）人们的思想观念受到社会全面现代化进程的冲击

在这个快速发展、传统与现代相碰撞的时代，不同国家、民族之间的交流日益频繁，现代化的工业文明冲击着历史悠久的民族文化。人们的生活方式、交流方式和价值观念都发生了很多变化，在追求服饰质量的同时，更注重衣服的时尚元素和舒适度。普通大众的审美观念和价值观念受外来文化和先进人士的影响，各种现代工业产品不断涌现，女性不一定必须会针线缝衣的思想影响着年轻一代，她们接触到更广阔的天地，人们更容易接受穿着简单、适应快节奏社会发展的现代服饰。

第二章　广西民族服饰的人文内涵

广西少数民族传统服饰文化中蕴含丰富的人文内涵：服饰既以实用为本，又借以展示民族形象，折射民族心态，体现财富观念，衡量妇女素质、能力和美德，还成为人情关系的媒介以及理想、愿望的寄托。研究服饰文化的人文内涵，对弘扬和创新发展民族原生态文化，开发民俗生态旅游产品，具有积极的现实意义。

一、服饰的实用为本观

广西少数民族传统服饰蕴含的人文内涵中，最主要的是实用为本的观念，其用料、款式、工艺大多体现了实用性。

从衣着布料看，在手工业文明时代，少数民族喜欢质地粗厚的自纺棉布，究其原因，主要是实用。广西产棉少，加上历史上大多处于贫困境地，根本无法拥有四季衣。一般劳动人民很少制棉衣，多制棉布单衣，粗厚的单衣经磨耐用，且利用率高。广西冬季短，若用有限的棉花做棉衣，有大半年棉衣闲置，而多做些单衣则四季可用，春秋气温20℃左右时，穿一件粗厚的棉布单衣正合适；夏季，缺衣者打赤膊，有衣者穿厚棉布衣可挡太阳强光辐射；冬季，无棉衣的将数件粗厚的棉布单衣套穿，基本可以御寒，一些山区少数民族冬季穿衣喜套穿数件单衣的习俗由此而来，贫穷的有一两件单衣再借助烤火勉强熬过冬季。可见，对衣料喜用质地粗厚的土棉布是由实用性决定的。

从衣服色彩看，大石山区少数民族喜欢穿黑、蓝黑色衣服，除了崇尚自然，以山色（苍、黛色）为美以及本地出产蓝靛染料等因素外，最重要的是实用：蓝、黑色耐脏，适宜刀耕火种、灰土遍野的劳作环境，同时在滴水贵如油的干旱山区，穿耐脏的蓝、黑色衣服可减少找水洗衣的困难；蓝、黑色与大山岩石颜色接近，便于狩猎时隐蔽自己。

从衣服款式及工艺看，在江河溪畔生活的喜穿短衣短裤，方便划船和捕捞生产。居住山区的喜穿宽腿筒大裆短裤，便于翻山越岭。如南丹白裤瑶男装裤裆大，便于爬山越岭大跨度动作，裤管短而紧腿，便于狩猎时奔跑追击。又如瑶族打绑腿、缠头、戴固定型帽的装束，虽有传说解释此装束与民族起源有关，但从实用性上看，这种装束是适应瑶族刀耕火种和狩猎的山区经济生活的需要而产生的，一是为了减少穿越丛林和翻山越岭时小腿部的阻力，二是为了防止荆棘草丛划伤，预防毒虫、蛇咬伤。这是瑶族先辈们在征服自然中的创造。又如壮族女装中有一佩件叫垫肩，是因劳动生产需要而创制的，在外衣双肩上佩垫肩，以便挑担时减少衣服肩膀处的磨损，保护衣服。另一佩件是围裙，其实用功能很多，在做家务和生产劳动时可保护衣襟，不易弄脏衣服，又可当抹布、擦手巾，还可将围裙角别在腰带上，当成袋子装东西；冬天可护住腰腹，挡风保暖；夏天行路时可解下来盖在头上遮挡太阳。由于其实用性，人们喜爱这些款式，进而发展为审美对象，不断美化之，镶、绣种种图案花边，使之在实用价值基础上增加审美价值，故垫肩、围裙、披风等既是实用的服饰用品，又是精美的工艺品。佩物品也有实用性，如男子佩带刀，劳动时用来砍木、修家具，还可用于自卫、预防意外等；佩戴绣荷包，可装火镰、烟叶等。

广西少数民族服饰用品还有一种抽象的实用性，即人们认为衣服、佩饰物有一种无形的驱邪禳灾的法力。如毛南族把贴身内衣当作自己的魂，称为"本身"，认为其具有护身符的作用，随便丢弃就会丢失灵魂，故特别珍视自己的贴身内衣。一些壮族地区的妇女常在发髻插银针，给婴孩戴银足镯、足锁，给第一胎孩子戴银帽，挂项链；仫佬族、毛南族、水族等也给小孩佩戴长命锁、麒麟等银饰以求保平安的习俗；金秀、田林等地瑶族妇女外出时要佩戴铜铃等，都认为佩饰物有辟邪、驱邪、禳灾、护身等作用，这是原始信仰文化在服饰文化中的积淀。

衣服装饰也讲求审美性和实用性的结合，如绣花、镶边的多是较显眼且易于摩擦破损的部位，绣花、镶边不仅美观，而且使这些部位厚实、耐磨损，尤其是挑花，不仅不伤布丝，反而能加固面料经纬交织紧密度，增强耐磨损性能，具有实用意义。

二、服饰与财富观念

服饰是物质文明发展的产物，也是物质文化水平发展程度的标志之一。广西少数民族地区长期以来经济发展比较缓慢，物质财富不够丰富，解决温饱就成为人们追求美好生活的目标，而衣服拥有量则是衡量"温"的尺度。同时，在自然经济时代，物质积累取决于自己的劳动，劳动产品的多寡成为贫富的标志，服饰也不例外，往往成为个人财富的重要组成部分，衣服多表明财富多。这种物质财富观念自然而然地影响到服饰文化中的审美心理。

（一）以衣多为美

穿着既比美又显富。如姑娘们在少女时代就开始为自己置办嫁衣，以自织自缝嫁衣的多少来衡量个人财富的多寡，衣多则富，富则美，美则好，该姑娘价值就高。又如在歌圩、集市上，很多少数民族青年要穿戴一新，其文化心态之一是表示自己有新衣服。武鸣、大化、巴马、东兰、那坡等县（区）壮族着装，尤其是冬季穿着或者盛装时，往往最里面一件最长，往外依次略短，好几件衣服层次分明，一览无余。有的外出时穿衣尽其所有，敞开层层衣襟，以显示衣多富有。贺州市瑶族男子着盛装时，将数件上衣套着穿，一件一色，将衣领敞开翻出，显露出所有衣服。这种着装习俗，是长期以来以衣多为美、以衣多比富的文化心态的积淀。

（二）以厚重为美

广西少数民族服饰崇尚厚重，厚重除具有保暖耐穿的实用性外，还表明用纱料多，用纱多表明产棉多，即创造的财富多，故厚重的衣服也能显示富有。在很多地方，染布是以重量来计算工价的，买布也以称重来计价，以厚重为贵。

（三）以佩饰品显富

以佩饰的多与重为美。佩饰品并非单纯的美的装饰，而是物质文明发展的标志和财富的象征。广西古代玉石器佩饰品的出现是石器文明的产物，后来发展到以铜饰（铜手镯、铜耳环、铜铃等）为美，其最根本的原因是社会物质文明发展到"铜的世纪"，而后银、金的冶炼文明程度高于铜，故佩饰审美观相应有了对铜、银、金三个档次的美的标准：金饰美于银饰，银饰胜于铜饰。追求佩饰品的多和重是受物质财富观念支配的，因为长期以来广西少数民族的衣裤鞋帽是自产的，唯有佩饰品主要靠交换及请人制作，要有物质基础和剩余财富（其形式为货币），才能交换到佩饰品及支付打制佩饰品的工钱。故佩饰品比自产的服装更具有财富属性。

随着物质文明的发展和人们观念的更新，广西少数民族地区逐渐改变将衣服首饰作为财富象征的观念，以衣多、厚重为美，以佩饰品多和重为美，以着装打扮来显富比美的服饰文化观也逐渐有所改变。由于历史文化的积淀，有的少数民族着装还习惯阶梯式的数件衣服套着穿，还喜欢佩戴银饰品，但不一定为显富。佩戴银饰品也不是一味追求多和重，银饰品材料也不一定全用纯银，有的逐渐改为代用品，如铝制品、塑料制品等，款式趋向小巧玲珑、轻便。

三、服饰与人情关系

广西少数民族服饰人文内涵之一，就是将服饰物品当作馈赠礼物，成为社会人际关系中传递感情的媒体。在少数民族人生礼仪民俗中，服饰用品扮演相当重要的角色。人从生到死的诸多礼仪都离不开赠礼和接受馈赠，庄重的礼品大多是服饰物品。如小孩初生、三朝、十二朝、满月、百日、周岁等幼儿生命历程，各民族有各自的庆贺礼仪，大致相同的是贺三朝、满月、周岁。送的礼品各地有俗规，几乎相同的有婴儿衣服、布、鞋帽及佩饰物。

在少儿阶段，壮、瑶、苗等族都有拜寄之俗。如瑶族行拜寄礼后，寄父母给寄儿取名，送碗筷一套、衣服一件、帽子一顶、鞋子一双给寄儿专用。毛南族行拜寄礼后，寄爹、寄妈除给寄儿送碗筷外，还送一件上衣，衣背缝一块布条，上写"谷旦拜寄某命取名曰快长大吉"，这件上衣是寄儿贴身衣，除换洗外，都要穿在身上，直到穿烂为止。

在成年后的交友、恋爱、婚姻等感情生活中，服饰用品扮演了感情使者和见证人的重要角色。将服饰用品作为爱情的信物和传递感情的载体，在广西少数民族中相当普遍。如鞋帽、头巾、花带、布料、衣裤、汗衫、手帕、绣花褡裢、绣球、头簪、手镯、戒指、花背袋、腰荷包、烟袋、竹帽、花伞等物品，都可以传情达意或作定情信物。

结婚礼仪中更少不了服饰用品，如桂西壮族多以布鞋为陪嫁品，除新娘自用外，还要给夫家亲属长辈各做一双，陪嫁鞋共计20~50双，全是新白布糊底，有的还绣花，鞋底用漂白麻线密纳，中间纳出九牙花图案。凌云、河池等地壮族女子嫁龄将至，便要花一年半载日夜躬操，赶制陪嫁鞋。龙胜伟江一带苗族姑娘也如此，未嫁前须自己动手做几十双陪嫁鞋，做好后，每双鞋都得用针线连起来，且只能连四针，表示好事成双。到婚礼之日，把鞋放在托盘，双手端举，依次送给丈夫，夫家成员、亲戚，夫家的外公外婆、舅父母及媒婆等人。

广西各民族用作馈赠礼品的服饰用品，不仅具有实用价值，而且具有传递感情信息、联络社会关系、寄托美好愿望等多方面的社会功能，往往成了感情的载体，甚至有的物品名称也充满感情色彩，如壮、瑶、侗、彝等民族的"定情鞋"，仫佬族的"同年鞋"，侗族的"相思带"等。以服饰用品传递感情信息，如同无字的诗、无言的歌，意义丰富，韵味绵长。如桂西一带姑娘一般不会拒绝男子索取信物的请求，而姑娘送一双布鞋就能明确传达自己的心思：如果送给男子的新布鞋每只鞋子留一截线头，两条线头打死结连在一起，就意味着"生死相连，永不分离"，暗示钟情于他，该男子获鞋大喜，便禀告父母托媒说亲；如果鞋子线头打活结，就表示不能接受对方的求爱。有的壮族姑娘送给男方的布鞋是这样表态的：如果不钉扣，或鞋里的鞋垫后跟不缝完，有意留给男方去接线，意为"你愿连就连"，表示接受男方的追求；如果钉齐扣子，缝完鞋跟头，意为"路已尽头，到此为止"，表示将男方拒之爱情门外。小伙子看到鞋子便知姑娘心意，或告知父母请媒人，或停止交往。忻城、马山、都安一带壮族姑娘送给男方定亲鞋，鞋底纳有一颗心形图案，以示爱心永不变。瑶族姑娘送给未婚夫家庭成员的定亲鞋，鞋底纳有不同的图案，表示对未来家庭成员和未来生活的美好祝愿。如送给祖父母的鞋，鞋底纳一颗北斗星，寓意是祝老人寿如北斗；送给父母亲的鞋，鞋底纳一棵劲松，意为祝父母亲像青松一样健壮；送给兄、姐的鞋，鞋底纳一个剥皮玉米，意为祝他们勤劳致富、五谷丰登；送给弟弟的鞋，鞋底纳一根竹笋，祝其如竹笋一般快快长大，早日成才；送给妹妹的鞋，在鞋面绣一朵花，表示赞美妹妹像花一样美丽；送给未婚夫的鞋，则在鞋底正中用红线绣一颗心，以示自己掏心给对方，至死不变。

嫁出去的女儿对父母尽孝心往往也借助服饰用品。如大新一代壮族父母亲做寿时，出嫁的女儿和侄女必须送寿衣、寿帽、寿鞋，以表示对父母长辈的感恩和祝贺。侗族地区，嫁出去的女儿回娘家给父母祝寿时，要送衣、裤、袜、鞋、帽等必不可少的寿礼，否则视为不孝。由此可见，以服饰用品传情达意，是广西少数民族服饰人文内涵的一大特色。

四、服饰与理想寄托

广西少数民族服饰不但反映出各族人民对物质文明的创造，而且体现了更深层次的精神活动，服饰文化中蕴含社会理想、道德理想和人生的愿望、追求与向往。

广西少数民族服饰制作者大多是劳动妇女。长期以来，广西少数民族妇女生活艰苦，从各地具有悲文化特色的苦歌、悲歌中可窥见她们人生的艰难与辛酸。但是，她们对人生寄予满腔的热情，对未来充满无尽的期望。即使在最艰苦的岁月里，也从未放弃对美好理想的追求与向往，摒除悲观绝望，以乐观积极的人生态度对待未来。几千年来积淀了忍耐、执着、随遇而安等文化心态。由于她们热爱生活，追求美好理想，所以在服饰制作中不惜起早贪黑，倾注大量的劳动力，全身心地投入，精心制作。她们的劳作除了获得物质上的满足外，还获得了精神上的慰藉与享受。从某种意义上说，她们不仅在制作服饰用品，而且在描绘自己的理想世界，创造自己认为的生活应具有的美好形象。如服饰特别讲究装饰，装饰图案大多喜用艳丽的、吉祥的、美好的、充满生机和诗情画意的题材，其中寄寓的情感内涵多是健康的、积极向上的。她们把对生活的坚定乐观信念和美好的愿望、理想倾注于服饰装饰图案纹样中，使服饰物化了人的美好愿望和理想，具有崇高美。如常用于做围裙、头巾、背带等服饰用品的壮锦，其图案丰富多彩，有蝴蝶恋花、鸳鸯戏水、宝鸭穿莲、团龙飞凤、狮子滚绣球、鲤鱼跳龙门、红棉怒放、葵花向日、双凤朝阳、四季佳果等，生机勃勃、亮丽醒目、格调健康、积极向上；表现主题较多地含有吉祥如意、幸福美好的色彩，表达了自由、幸福、爱情、长寿、多子、吉祥、平安、圆满等人类普遍的理想追求，寄予了壮族人民热爱自然、热爱生活、热爱家乡、追求美好人生的理想愿望。瑶族的挑花刺绣图案"双虎斗志"寓意勇猛刚强、威武雄壮；"双龙抢宝"表示除恶镇邪、吉祥如意；"鸳鸯戏水"象征幸福、爱情。龙胜盘瑶的三角形帽，老妇人戴的用青布作底绣百花，以示四季常青、百病不缠；中年妇女戴的用蓝布作底，表示天高气爽、丰收当时；姑娘戴的用五色布作底，寓意兴旺发达、前程似锦。侗族小女孩胸兜刺绣图案多为中间一朵大花或一只蝴蝶，寓意富贵吉祥，左右对称的枝叶牵连着小花，或穿插小鸟小虫，寄托吉利长寿之意。儿童的帽子装饰图案多是瑞兽、花果、蔓藤，寓意雄壮、长寿、富贵。老年女性的胸兜装饰多为蔓生花草组成的角隅纹样、自由纹样和相对横式连续图案石榴、花果，寓意儿孙满堂、长命百岁。未婚女性和已婚女性胸兜装饰图案，主要由龙凤、石榴、葫芦、瓜果、大树小花及各种勾藤卷草组成，寓意吉祥富贵、美满幸福、多子多福、丰衣足食。未婚女性头花的凤鸟、蝴蝶、牡丹、玉兰、莲花造型，寓意高贵、美丽、幸福；银簪和胸牌连缀的丝线或银锁，用缠绞技法编成谷穗状，寓意丰收和喜庆。其他各族服饰装饰图案也大多寓意吉祥美好，如"四季花香"图案，由梅花、牡丹、月季、菊花构成，象征一年四季鲜花盛开，生活美满。用四个云卷状的如意头构成"四合如意"图案，寓意事事如意。用一对鸳鸯与一池清水构成"鸳鸯戏水"图案，象征夫妻恩爱；用梅兰竹菊图案象征吉祥；用两只如意和万字格底纹组成图案，万字格寓意万事顺意，如意原是菩萨手持的佛具，象征吉祥如意；用佛手、石榴、寿桃构成"多福多寿"图，"佛"与"福"谐音，石榴象征多子，寿桃象征长寿，合为一幅图案寓意多子、多福、多寿。用三只羊仰望太阳构成的图案象征幸运。用五只蝙蝠环绕一个寿字构成图案，象征富贵长寿。用喜鹊与梅花构成图案，取"眉""梅"谐音，寓意喜上眉梢、喜讯将临。这些图案中蕴含的社会理想、道德理想、人生理想，已明显带有中原文化色彩，是受封建文化影响后的产物。

有的佩饰品也能寄托某种理想、愿望。如中华人民共和国成立前，在春节和瑶族达努节时，瑶族女性将戴在头上的银簪、银钗取下，击叩铜鼓，祈求青春永驻，头发永远乌黑。东兰一带壮族女子取钗击鼓后，当即把钗送给心上人，成婚后，丈夫把此钗还给妻子，这支银钗寄托了美好的愿望：祈求生活幸福美满、夫妻百年偕老、鬓发无衰。

五、服饰的包装功能

俗话说，"佛要金装，人要衣装""七分人才，三分打扮"，道出了服饰在美化人体、塑造人物形象方面的作用，广西服饰文化充分反映了这一浓厚的人文色彩。

广西少数民族都比较注重在正式场合中的衣着打扮。壮族、瑶族、毛南族等出门做客、赴喜宴、参加婚礼、上歌圩，甚至赶圩，都要精心打扮，换上最好的衣服，焕然一新。尤其姑娘们还要佩戴盛装的饰品，如壮族姑娘围上精心制作的绣花围裙，佩戴壮锦袋、绣球；瑶、苗、侗等族的姑娘佩戴大大小小的银饰品，毛南族姑娘戴上花竹帽。老人也讲究体面，如毛南族长者赴喜宴（俗称吃酒）、做客时，要穿长衫，外套"马蹬衣"，显示长者至尊的身份；有名望的长者骑马去赶圩或走亲访友，要穿骑马裤，表现出德高望重的地位和风度。上述场合穿着突出地表现了服饰美化人体和树立社会形象的包装作用，侧重于穿出美丽、穿出脸面、穿出气派、穿出自尊和自信，反映出广西少数民族要强、自尊等文化心态。

广西少数民族往往把传统服饰作为本民族或本地域内群体形象的表征，将服饰视为对本民族群体美的形象的积极肯定。民族盛装是集体性的礼服，多在民族群体性活动中同时着装，如苗、侗族某一村、寨到别的村、寨做客，大家都穿同一款式的盛装。壮族也有集体着装习俗，如同村青年去外村交友往来时，大家统一着装。这些习俗反映了广西少数民族重视本民族或本地域（村、寨）群体形象的整体美，注重通过服饰包装展示民族、群体的精神面貌和增强内部凝聚力。着装习俗上所谓的"爱面子""讲体面"、群体化行为，实际上蕴含着一种民族的自尊心、自信心、自豪感。这种服饰文化心态也折射出一种积极的民族精神，能起到激励群体向美、向善、向上的社会功利作用。弘扬这一文化传统，对树立广西新形象和加强精神文明建设具有积极意义。

广西少数民族服饰文化除具有塑造形象的包装作用外，还蕴含着对人尤其是对女性创造能力及自身价值的评价。如女性制作服饰，其劳动产品不仅直接体现人的需要，而且直接体现人的创造力和智慧，由此形成以劳动产品来评价劳动者的观念，服饰文化便增添了以服饰制作来衡量人的素质、能力和美德的文化内涵。广西少数民族女性从小就学习服饰制作工艺，精心设计、剪裁缝制、织绣，谁手巧、善织会绣，谁获得评价就高，其自身价值也就高，反之则遭贬斥。如隆林彝族姑娘，谁不会做鞋，人们就评论说她懒、笨，认为这个女子"不值钱"了。又如壮、侗、瑶、苗等族的姑娘们在歌圩上，在民族文化活动等公众场合，把自己制作的最精美的服饰穿戴出来，把精心制作的服饰用品当作爱情的信物、友谊的礼品，有的在出嫁前将亲手做的鞋、佩饰物品送给未婚夫家长辈，等等，一个很重要的目的是显示自己的价值，获得社会上特别是意中人对自己的勤劳、能干、智慧、灵巧等方面素质和美德的肯定和赞赏，这种注重外在形象和内在品质相融合的文化心态是积极向上的。

随着服装生产的社会化和衣着趋向成衣化，自缝自绣越来越少，以缝绣手巧来评价女性的观念逐步淡化，但尚未消失，因为少数民族盛装及其佩饰的制作大多仍由少数民族女性承担。民族传统工艺并未消亡。服装的包装功能是任何时代都存在的。广西的服装工业应不断设计、开发、生产民族性和时代性相融合的各式民族服装，以利于塑造广西少数民族的新形象，引导各民族人民在穿着方面不断地追求更高的文化品位。广西旅游也可研究开发民族服饰主题的民族生态旅游产品。

第三章　广西民族服饰系统的基本梳理

第一节　广西民族服饰基本概述

广西是多民族聚居地，先秦以来生活着众多少数民族族群，他们拥有各自独特的文化习俗，其中服饰及妆饰是体现其文化内涵的重要部分。

一、广西民族服饰的发展过程

现今广西的壮、侗、仫佬、毛南、水等族是从先秦时期生活在岭南一带的西瓯、骆越先民分化融合而来的，瑶、苗、回、京、彝、仡佬等族则是不同历史时期由岭外或西南迁入的民族。在各民族的融合过程中，同一个地区往往居住着几个不同的民族，既有纷争，也有共同生活开发，民族服饰文化在这一过程中不断形成、成熟。

（一）先秦时期的服饰

与世界历史上原始人类服饰产生的情况相类似，少数民族早期先民服饰的产生虽然缺乏直接的实物证据，但从远古壁画中可见其服饰形象。先民们还不会缝制衣服，主要以植物、兽皮等遮蔽身体；因地理环境较为湿热，服装款式多为短衣短裙或短裤；头部发式有剪发、披发、编发、椎髻等；因喜以羽毛装饰身体及头部，因此被学者称为"羽人服"。

（二）秦汉至隋唐时期的服饰

秦汉至隋唐时期，服饰文化随社会经济的发展而变化。农业、手工业技术不断发展和提高，为服饰的发展奠定了物质基础。整体装束主要有贯头式短衣配短裤或长裤、长裙，短衣长裤加罩短裙；佩戴饰品以玉石器为主；冠帽以五色绒线纺织品装饰；发式多为椎髻结发，也有披发；土著居民多不穿鞋。同时，苗瑶族先民衣裙注重色彩及装饰。

秦代，秦始皇在统一六国后，开始了征服岭南的战争。政治上的统一促进了岭南地区经济的发展，同时迁居岭南的中原民族和岭南民族的经济文化交流日益活跃，带来了中原的服饰样式和缝纫技术。

汉代在岭南设置郡县，官员对其所管辖的瓯、骆人进行"冠履"等汉族服饰文化教育。同时，生活在岭南地区的壮、侗、毛南等族先民，为了便于生产生活，穿着一种短袖衣和无裆的短套裤，以及贯头衣。这种贯头衣的形制在瑶族服饰中仍有留存。

隋唐时期，骆越人服饰主要是贯头式——主要变化表现为服饰上性别的形成（男女服饰有所区别），常服与礼服有不同的制作要求。

（三）宋、元、明、清时期各民族服饰

宋、元、明、清是广西少数民族服饰发展定型的重要时期。中原文化渗入岭南地区，人们的审美观念开始发生变化，各族服饰在追求实用的基础上，开始注重美观性，广西少数民族服饰逐渐丰富多彩，具有民族特色和地方风格。同时，种植业、纺织业、印染工艺的发展，为各民族服饰在面料、式样、色彩、装饰方面的丰富提供了物质条件和技术支持。

1. 壮族服饰

宋代，壮族装束特征是穿青花斑布衣，部分人不再赤脚，开始穿"木履"。明代，喜用蜡染花斑布制衣。男性和女性一样穿花衣短裙，用染色绒线在衣领、袖子上绣花。当时流行一种绣花衫叫"黎桶"，腰前后两幅，长不及膝，有贯头衣遗风。清代，服装款式变化较大——男装以对襟短衣为主。扎布腰带，包扎头巾。发型多是椎髻。女装为上穿右衽大襟或开胸对襟花边上衣，下穿宽裆宽腿筒长裤或百褶裙，外加围裙，包扎各式头巾，喜戴耳环、手镯。

2. 瑶族服饰

自宋至清，瑶族大批移居岭南。因岭南为丘陵地势，瑶族各支系间、与其他民族间少有交往，故其服饰很少受外界影响，其服饰的民族性、地域性表现得特别突出。不少支系的服饰成为识别身份的表征。如灌阳一支平地瑶男装领口内扎一条白色领带，女装领口镶白布边，被称为白领瑶；金秀一支瑶族男女装皆绣艳丽图案，满身斑斓，被称为花蓝瑶，花蓝瑶的"花蓝"即花花绿绿之意；百色一支瑶族盘头后在前额处饰一块红布，被称为红头瑶；河池、南丹等地瑶族因男子穿齐膝白裤，被称为白裤瑶。

3. 苗族服饰

苗族服饰地域差异性也很大，很有地方特色。如融水苗族，用青布缠头，衣、裤都是青色；怀远苗族，绣花极工巧，俗谓花衣苗；龙胜苗族长发绾髻，用青布或花布包头。

男人上穿短青衣到膝，下穿青围布，非裙非裤。妇女髻上插银簪，佩戴银饰，上穿长花领青布短衣，下穿青布短裙，男女俱赤脚。对以上主要少数民族服饰的溯源，我们看到了从古至今，随着社会政治、经济、文化的发展，古代广西少数民族服饰文化从无到有、从简单到繁复的变化过程，最终形成了各自独特的民族风情和特色。

二、广西民族服饰的文化习俗

广西有 11 个少数民族，在历史的长河中，每个民族都形成了丰富多彩的民族节日，在不同的节日往往要穿不同的盛装。如侗族男子参加芦笙踩堂舞时的装扮是，头饰围上银片，插上鸡尾，上衣穿用黑白两种棉纱织成几何纹样的侗锦，再加上鸡毛吊珠花裙；而在程阳花炮节上，侗族男子则装扮成斗士，青衣白裤，扎绑腿，裹白头巾，捆腰带，颈佩银圈，手戴银镯、银戒，腰悬火葫芦，格外威武帅气。这些盛装的穿戴不仅仅为了表示庆祝，还具有其他作用。如节日服饰上的图案纹样常常通过谐音、象征来表达吉祥含义或暗喻美好的事物。其具体的体现：用喜鹊与梅花构成图案并利用谐音的"喜上眉梢"，寓意喜讯即将到来；用梅花、牡丹、月季、菊花来结构纹样的"四季花香"，象征一年四季鲜花盛开，生活美满；两只如意头和万字格底纹组合而成的"万事如意"，直接表现了人们对生活的希望。

不难看出，广西少数民族不仅通过丰富多彩的服饰来表达节日的喜庆，而且通过服饰上寓意深远和纹样逸趣横生的图案来表达人们对幸福的无限憧憬。

广西民族服饰的色彩是丰富多彩的，甚至是千奇百怪的。就广西少数民族家织的土布而言，上面有姑娘们亲手绣的各种精美、复杂的图案，色泽艳丽、款式多样。但是在它们鲜艳夺目、层次丰富的色彩中，也可以进行分类。

（一）色彩淡雅朴素和谐

广西民族服饰的色彩明朗，多以浅色调为主，各色块和整套服饰配合协调，给人以和谐悦目的审美感受，表现出一种柔和的秀美。

（二）色彩鲜艳，对比强烈

广西民族服饰色调和层次十分丰富，不同的色彩形成极大的对比和反差，并给人留下强烈的视觉印象。由于这一类色彩感和现代人的审美需求有一定差距，故而多流行于农区、牧区和山区。正因如此，这一类色彩的服饰民族特色十分突出。

（三）凝重深沉又不失高贵

部分少数民族服饰在色彩上以黑、蓝色为主调，显得凝重深沉、庄严朴实。这些服饰在主要色彩的基础上添加一点色彩鲜艳的花边或配以众多的银饰，从而给人以凝重深沉、庄严朴实但又华贵高雅的印象。

不同的地理环境、历史承载以及生活习俗使广西少数民族服饰缤纷多彩、寓意深远，充满着对生活、自然的热爱；同时通过精妙的设计和巧妙的布局又显现出新颖、丰富的审美情趣。广西少数民族服饰蕴含了其民族文化深厚的内涵和情感，也体现了民族文化的精髓，是广西少数民族在长期的生活实践中将他们对大自然的热爱和神话传说、图腾崇拜等寓意形成的传统意识，以及本民族的文化和历史三者巧妙融合的结果，也是中华民族文化中一颗璀璨的明珠，相信它会在文化的多元化过程中发挥更重要的作用。

第二节 广西民族服饰的艺术表现形式

一、表现秩序感

将错乱繁杂的事物整理成有序的整体，这种建立秩序的能力是人类独有的成就。秩序的确立反映了人类对自然世界的逻辑有着深刻的认识，也体现了文化心理和感性思维在造型塑造上的重要意义。人类的早期信仰首先都是源于大自然神性的秩序。在对大自然的不断用心观察中，人类终于感悟到大自然造物的大小比例，掌握了自然界的色彩、线条等感性材料，还理解了大自然的形态规律，比如平衡、韵律和节奏等。在这种持续的心理体验和感官感受过程中，终于把自然的物象和观念相契合，从而把大自然的秩序感转变为在思想观念上可接受的、摆脱自然形态的审美形态。例如，壮族壮锦上的菱形图纹就是成功实现这种观念转变的最好证据：壮族少女达尼妹在织布时突然发现，树上的蜘蛛网上闪烁着晶莹剔透的露珠，而露珠上的太阳七色光芒折射到了银丝上，形成了一幅有规律、有秩序感的图案。达尼妹便将自己的视觉体验在织布过程中进行观念上的转化，她以细纱为经，以七色的丝线为纬，又以菱形为基础框架，通过精心编织，美丽的壮锦就诞生了。壮锦层次分明、严谨有序的秩序感象征着人类对自然界秩序的敬畏，也正是这种发自内心的敬畏让人类将感性的审美变为造型艺术。

人类在对大自然事物进行感知的时候，掌握了从混沌中获取秩序感的方法，用无与伦比的创造力将复杂、无序、多变的感性世界规范到理性认识范畴中，创造了对称、和谐的形态结构，从而让自然界被秩序化的事物，经理性加工变成了成熟、充满智慧的审美形态，譬如壮族的壮锦。

二、表现抽象变形感

艺术形态是对客观自然规律的归纳总结和深度抽象，是以实践的历史经验为基点，由心理积淀形成的。经过长期的审美实践和不断地对审美经验进行归纳、加工，每个民族都从对自然界的"取象"逐步发展为"立象"，以表达本民族的各种意识形态，并创造了将种群性格、观念外化的物体形态，通过反复抽象、变形，让超现实的艺术特征被强化和整合，构建了民族性极强的、纯粹的装饰艺术形态体系，这象征着少数民族在艺术理念表达上具备了一种超越化的建构模式。譬如抽象变形在广西少数民族服饰上的运用。抽象和变形意味着从大自然以及感觉经验中收获的优秀质料，经过分析、筛选、归纳，依据自己的审美价值取向，将自然原型中不需要的部分切除，选取和夸大自己接受的并符合功利需求的内容，最终变形为既基于原型形态又具有超现实审美特征的造型艺术。壮族的丹凤朝阳、毛南族的走兽、彝族的老虎以及苗族的太阳纹、水纹就是这样的艺术作品。它们完全去除了自然原型的特征，纯粹以几何图形为形态结构。其中苗族的城界花纹便是以长方形为框架，将反复呈现的十字折线与四棱形整合，从而表现出城池防守中的城墙、房屋、街巷和守城士兵等意象。它们在几何图案线条的律动中彼此相连、彻底融合，展现出了一幅和谐的图景，尽管看不到城墙和士兵等原型。

广西少数民族服饰上的诸多造型完全偏离甚至丢弃了自然原型，它们用写意的艺术手法，展现了对自然物象的拟形，突破了感官体验，打破了客观世界的时空束缚，从而表达了心与自然物象的契合、意识与感官体验的整合，让大自然的韵律与服饰纹案的手工韵律相吻合，造就了独特的民族审美内容。

三、服饰文化审美感

广西各民族在创造生活的同时也创造了美。少数民族服饰从款式、色彩、装饰到佩饰无不渗透独具特色的审美意识，折射出各民族对生活的积极热爱和美好愿望。

（一）服饰的自然美

广西少数民族服饰大多有自然美的烙印，是自然美的物化，折射出各民族对自然的审美意识。

1. 服饰色彩的自然特色

广西少数民族服饰色彩大多体现人与自然环境的和谐。如龙胜一带冷暖季节分明，春夏山清水秀，山色春绿夏碧，水色青翠清莹，山峰倒映；秋冬季山光水色苍黯凝重。龙胜壮族服饰也有春夏和秋冬服装之分，二者色彩风格迥异。

春夏服装以淡色（白、浅蓝等色）和净色（不绣花，不镶边）为主调，淡雅秀丽；秋冬服装以深色、暖色（多是黑色，镶红、绿、蓝、白、黑等色花边）为主调，既厚重深沉又浓烈温和。

聚居在桂西、桂西南的壮族，生活环境中多石山，凝黝含黛，加上历史上刀耕火种的生产方式延续时间较漫长，生产区多呈黑色，人们对生产、生活环境的黑色调产生美感，故服饰多尚黑色、蓝黑色、深蓝色。

生活在平坝、丘陵地区的壮、苗、侗、水等族，居住地大多近山傍水、山清水秀，加上以农业、林业为主的经济生活方式，使他们对田间禾苗、山坡草木的青翠葱茏及蓝天碧水产生偏爱，形成服饰尚青色的特色。

瑶族主要居住在高山峻岭，山上动植物千姿百态、异彩纷呈。在高山密林中，红色调的烂漫山花和斑斓的锦鸡、鸟儿特别引人注目，使人振奋、惊喜，既将崇山峻岭点缀得更美，又能驱除人在山中满目青黛的单调乏味。这些自然界多彩和谐的美培育了高山瑶的审美意识，他们自古以来就"好五色衣"，服饰以高山自然环境中呈现的深蓝（靛蓝）色、苍（黑）色为主调，配上以红色为基调的多彩装饰，绣花花色繁多，装饰色彩强烈，形成了五彩斑斓、绚丽多姿的特色。

京族生活于海边，周围环境多净色、少杂色，故京族服装多为大块单一色彩，如浅蓝、白色，很少有杂色和装饰，年轻人多喜欢具有海天一色特征的淡蓝色衣服，或具有蓝天白云映衬美特征的深色衣加白色外套，服饰色彩给人洁净明快之感。

2. 服饰质感、形制的自然风格

广西山区少数民族服装以厚重为美，上衣与裤、裙搭配或者为宽大式，衣裤浑然一体；或者为上窄下宽、上松下实式，上窄表现为上衣是紧身短衣，上松表现为上身装饰松浮华丽，如悬挂串珠、线穗、绣花镶边等；下实表现为稳重，如壮、苗、瑶、侗等族的百褶裙呈三角圆锥形，苗、瑶族的三角绑腿等，给人稳重、支撑力强的感觉。

从质感和形制特点上可透视广西各民族对大山自然美形式及特征的审美理解。大山的自然形式和特征有的体积厚重，累积雄厚，上下浑然一体；有的山体宽大，绵延横亘；有的山体下宽上窄，呈三角形，下半部山石嶙峋，皴折粗犷，上半部草木葱茏，春华秋实。

居住在山石地区的少数民族对大自然的美有独特的感受，故其服饰的厚重质感、上下身搭配的造型、百褶裙的皱褶形式、绑腿的样式等着装风格无不体现大山的自然美特征。

居住在海边的京族，其服饰在质感上表现出轻柔飘动之感，这和海滨自然环境造就的审美意识有关，将海水、风浪的动感和畅旷产生的美感物化于服饰创造，于是，京族服装便具有大海的自然美特征：轻柔流畅，飘逸奔放。

3. 服饰装饰图案的自然特征

广西少数民族服饰装饰图案大多为几何纹样、自然纹样和动植物纹样，其中，花草树木、行云流水、飞禽走兽，无所不有。图案素材源于现实生活环境和自然环境。

有的临摹具体形象，有常见的花草、鱼虾、鸟雀、鸡鹅、蜂蝶、谷穗、石榴等；也有本地特有的、盛产的动植物，如龙胜瑶族头巾挑花图案有八角花，桂北山区少数民族服饰绣花装饰图案有当地特产的白果花，隆林者浪一带壮族头巾两端绣花图案有各地常见的松叶、蝴蝶外，还有当地的水浮花、油桐花，隆林彝族服饰贴花图案多是当地盛产的茶花、茶树。

有的图案是对自然界动植物形象的抽象概括、提炼和再创造。如武鸣等很多地方壮族服饰的龙凤纹样，飘然的龙须、卷曲的龙身包含了蔓生藤本植物逶迤群山的特征；凤凰由公鸡头、锦鸡身、孔雀尾组成，集中了几种禽鸟美的特征。把自然界动植物最精美、最生动的特征提炼后再组合创造成服饰图案，反映了壮族对自然美的独特的审美情趣。

瑶族服饰图案构思也如此，凤凰图案也是由公鸡头、锦鸡身、孔雀尾组成的。侗族服饰刺绣图案多以自然物为主体，图案中的花鸟鱼虫、飞禽走兽既是写实的，又是超现实的，将概括的具象特征和夸张的抽象形状相结合。如将若干块 B 形和或长或短的半月形按圆圈旋转的不同方向，层层排列组合，构成牡丹、莲花、石榴等大朵花，花蕊用三块小圆或三块竖排表示，其他花草有桃形、心形、圆形、扇形、葫芦形、山形、半月形等各种形状，如小葫芦代表花蕾，一团团绒球表示鸡冠花，有的像雨帽，有的像齿轮。动物图案更为抽象概括，凤凰用简单几条卷曲的蔓草纹来表现，一般无身子，直接将翅膀处理成蔓草状。小鸟、小鱼、蝴蝶、螃蟹、水爬虫及其他小虫子、小动物也抽象概括成如花似草状。盛装的裙缘带、百鸟衣缘带、芦笙衣补子、童帽和衣服贴花等图案，也多以动植物尤其是花卉为基本构图纹样，领襟绣花图案多为各种花树蔓草。苗族、彝族、毛南族等其他少数民族服饰用品装饰图案也多以自然物、动植物为母题。

（二）服饰的形式美和艺术美

广西各民族在服饰制作中，总结和运用了生活实践中所熟悉和掌握的各种美的形式法则，使服饰既是生活实用品，又是工艺美术品，表现出独特的艺术魅力和较高的审美水平。

1. 调和对比美

广西少数民族服饰讲究调和与对比，色彩的运用就是其中一例。壮族、瑶族服饰喜用红、黄、橙等暖色调，红色与黄色对比，黄色与橙色调和，呈现富贵吉祥、鲜艳绚丽之美，装饰的暖色调与衣裤底色的冷色调（蓝、黑色）对比，烘托醒目。

苗、侗、水等族服饰喜用黑、蓝等冷色调，显示淡雅素净、稳重刚毅之美。如侗族的武士装黑白二色对比鲜明，表现出威武刚强的力量和开朗潇洒的性格。又如靛染、蜡染百褶裙工艺中，在同类色中讲究层次的调和与对比，或让靛蓝色染出深浅浓淡的层次，缝制裙子时，由裙头往下摆处依次分为几段，由浅蓝色至深蓝色，色调很调和；或蜡染花纹时，深底色与浅衬花互相对比烘托，色彩鲜明。

又如隆林壮族服饰，黑色衣裙镶嵌黄、红两色边，基调是黑色，给人以凝重感，装饰衬边则采用暖色、亮色，对比强烈，使整体上既醒目又协调，既端庄又艳丽。头巾绣花配色亦如此，白头巾两端饰黑色或绿色花纹，蓝头巾两端用红、黄色绲边，加强了色彩效果。隆林白苗穿蓝衣白裙，包白头巾，白头巾绣红、蓝、黑色花纹，蓝、黑色为冷色、亮色，在头上点缀红色暖色装饰，整个装束色彩搭配素雅秀丽。清水苗亦如此，天蓝色衣服配纯白色裙子，腰扎黑围裙，全身素色基调，胸襟、衣袖绣花，裙下摆处镶横格子花边，给素色调增添些活力，避免过于单调。

隆林彝族妇女衣服黑底绲蓝边，呈协调之美；黑围裙衬锡花牌，有对比之美。龙州、那坡等地壮族妇女服饰若是蓝布料则镶黑宽边，若是黑面料则镶蓝宽边，蓝与黑为邻近色配合，产生协调的审美效果。

广西少数民族服饰用品织锦更讲究对比与协调美。壮锦以红色为主色调，配以黄、蓝、绿色等重彩，锦面红绿对比，充满热烈、欢快的气氛和勃勃生机，红黄相衬，更显得浓艳、富贵，若几种主色和十几种辅色搭配，锦面斑斓而又和谐。花色的搭配也讲究协调，如在暗绿色的地纹上织出浅绿、湖蓝色的梅花或菊花，与一般常以红花绿叶相配不同，别有一种韵味。花色的对比更是屡见不鲜，有的暗底亮花，深浅对比，花纹鲜明清晰；有的不同色对比或同色浓淡对比，如在大红底上织青的凤身、绿的凤翅、黄的凤冠，对比、和谐兼有之，醒目、艳丽且纯朴。从色彩运用风格可见壮族既热情爽朗又憨厚朴实的性格。

瑶锦多以大红、桃红、橙黄等邻近的暖色调为主色，配色多用绿、紫、黑等邻近的冷色调，主色、配色各具协调美，主色与配色之间又有对比美，协调、对比兼备，加强了富贵、艳丽的色彩效果。

苗锦以黑色为图案纹样骨架，相间交错配上桃红、嫩绿、青紫、湖蓝等色，一般是红配绿或蓝，青莲配绿或天蓝，黄与绿间用，同类色间隔用，兼顾对比与调和，使锦面明艳且和谐，有稳重敦厚之风格。

侗锦多用黑、蓝、白，黑与白、蓝与白对比，素净淡雅，有清丽古朴之美。侗锦也有彩锦，用彩色丝线相间交织，秀丽而不妖艳，有协调之美。

三江独峒侗族头巾织锦在两头点缀棕、黑、绿色条纹，有古朴之风。侗族的绣花、挑花、贴花等服饰色彩搭配也很协调，多以青、紫、蓝、白色为底色配其他彩色，也有以金黄色为主，配以黑白两色，既富丽又不失朴实。挑花有以白色为底挑蓝、绿、红花的，装饰胸兜、头巾，有以青、黑布为底挑彩色花的，装饰袖口、裤边。贴花即布贴，多镶在百鸟衣、芦笙裙、童帽、口水围上，图案或以浅色布为底，黑布做纹样，或以黑布为底，多色布做纹样，如在白色或浅蓝色底布上镶拼红、黄、蓝、绿等色布块构成图案，色块立体感强，色彩明快鲜艳，充满生机与活力。

2. 单纯齐一美

广西少数民族传统服饰大多具有单纯齐一的形式美。那坡、德保等地壮族、隆林彝族男子喜穿全身黑色服装，上下浑然一体。

隆林等地壮族女装分为白、蓝、黑三种，每种均配套穿，白衣、白裙配白头巾，蓝衣、蓝裙配蓝头巾，黑衣配黑裙、黑头巾，全身一套单色彩。这种单一色的运用，给人以纯洁的感觉，体现自然淳朴的风格，是一种单纯的美，体现了美学中单纯形式美的法则。广西少数民族服饰还具有齐一的特征——整齐划一的美。如某一地域的服饰款式一样，在某些场合群体着装打扮统一：在侗族"月也"活动中，一寨的芦笙队穿同一样式的服装；在壮族婚礼活动中，送嫁十姐妹穿一式的服装，采用一个模式的打扮；在河池、都安等壮族地区，同村的姑娘们三五结伴串村、赶圩，穿着打扮统一，从衣裤、鞋样式到色彩，从梳头发型到扎辫头绳，所有装束完全一样，表现出整齐划一的美。

各民族服饰图案也体现了整齐美，主要是采用同一形式连续出现，如二方连续的花边纹饰、动植物纹样，四方连续的几何纹样，如回字纹、三角纹、菱形纹、水波纹等，在四方连续骨骼中的斜行，菱形空格内反复连续的各种花卉虫鸟纹样等，其局部的连续再现是运用"反复"的法则，而各局部组成的整体图案，则体现整齐一律的特征。这些反复齐一的纹样带给人秩序感，反复中体现节奏感，构成整齐的美。再如百褶裙每一个褶的同一尺寸、同一方向的反复排列，侗锦中的黑白小花锦多以几何纹样组成四方连续结构，变化不大，无主次之分，但简单的几何纹样反复连续排列，同样形成齐一的节奏和韵律，同样具有整齐美。

3. 对称均衡美

广西少数民族服饰较多运用对称均衡的原则，如左右袖口、裤脚所镶阑干、花边是对称的，头巾、腰带两端的装饰（镶边、绣花、丝穗等）也是对称的；桂北龙胜一带壮族，金秀等地部分瑶族，融水等地苗族、侗族的对襟开胸式上衣，开襟处的镶边、绣花、钉琵琶扣都是对称的。

大新壮族妇女包头时让头巾的流苏（线穗）对称地垂在左右耳旁。许多花边图案也采用对称形式，刺绣构图将主体纹样置于中心突出部位，作为中轴，其余边花、角花、几何纹等围绕主体纹样对称均衡地展开，与主体纹样相呼应、相烘托。主体纹样有一个单独式样，也有多个单独式样复合组合，一般先在一块块小几何形色布上刺绣花样，然后镶拼成一幅复合式图案，若四小块拼成一幅图案，那么小块的图案以镶拼线为轴心形成对称。

此外，还有二方连续排列中的花纹对称，有方形、菱形、三角形等几何纹样对称等，由此增强了服饰的艺术美感。

4. 多样统一美

广西少数民族服饰运用对称、调和、对比等多种形式美法则，在服饰制作及着装中将色彩、款式、装饰等多元素有机组合，表现出多样统一美。

用色方面，全身衣裤（裙）为深色（黑、蓝、紫黑等色），在领子、胸襟、袖口、底边、裤脚、裙边等处点缀花边、阑干，佩戴亮色的银饰，既显单纯又不单调。胸襟、围裙、头巾、腰带、绑腿锦带等处所装饰图案，无论是繁缛瑰丽还是淡雅清秀，都各有其旋律，主次分明，色彩丰富但不杂乱。

银饰品一般以银器本色为主，适当增加配色。如侗族银饰品耳环、手镯、颈圈、胸牌的饰纹采用宝蓝、绿、黄等色珐琅，点缀在大片银色中，增强了视觉美感。

款式方面，百色、宜山等地壮族女装为短衣配细褶长裙或宽松的长裤，显出亭亭玉立之修长美；都安等地壮族男装长衣过膝，上身硕大，加束腰带后就避免了累赘，显得精干利索。壮、侗、苗等族的百褶裙从正面看呈三角形或梯形，在裙外加系一条长方形、正方形或半菱形、倒三角形的围裙，也可增强和谐效果。外穿素色对襟开胸无扣衣，内穿绣花胸兜，内衬艳丽而不轻佻，外套素雅而不呆板，内外对比烘托，相辅相成，组成和谐的艺术美。

装饰纹样方面，蜡染、绣花、挑花、织锦等图案构图方法多为复合型，图案纹样千姿百态，主要有几何纹样、植物纹样、动物纹样、自然纹样，每种纹样又细分为很多小类。分析广西博物馆收藏的几百幅壮锦标本发现，壮锦的几何纹样有水波纹、云雷纹、回字纹、编织纹、羽状纹、锯齿纹、勾连云纹、同心圆纹、方格纹（又分为长方形、正方形多种）、三角纹、菱形纹、字纹等。上述几何纹都不单独出现，而是多种几何纹配合运用，有的几何纹还和菊花、牡丹、鲤鱼、蝴蝶、凤凰等各种动植物图案组合作为构图主题，以二方连续、四方连续排列，点、线、面移动构成不同的轨迹，在变化中求得统一，造型生动逼真、活泼有序，式样多变且结构严谨。一种是由小字纹、回纹、水波纹等直线、曲线组合而成的几何纹构成四方连续结构骨骼，反复连续的动植物及自然纹样，构图内容繁、纹样多，但是几何纹、动植物和自然纹能有机结合，对称严谨，和谐自然。另一种是以字纹、回纹、水波纹等几何纹为底纹，采用二方连续的排列形式织各种动植物纹样，形成多层次的复合图案，一个中心纹样和几个左右对称或均衡的纹样配合组成一个有机整体，纹路主次分明、布局得当，或明花或暗底亮花或亮底暗花，在几何底纹衬托下异常鲜明突出，整个画面有条不紊，图像清晰，透视角度准确，有浮雕感，呈现出和谐的美。还有一种是在布纹（平纹）上织地纹，有的用单个几何纹反复紧密组合、连绵无边，构成复合型几何图案，结构明快，排列整齐有序；有的用多种几何纹组合成复合型几何图案，如同心圆纹和方格纹、多角形花纹组合，雷纹和方格纹、编织纹、弦纹组合等，大小、方圆穿插配合，布局繁而不乱，线条勾连，层次井然有序，形成多层次的纹带，各种几何纹组成富于变化的有机整体，产生珠联璧合的艺术效果。壮族服饰图案构图也运用多样统一的形式美法则，颇具艺术美。如刺绣图案有的以几何纹为主体，以动植物作陪衬，有的以动植物纹样为主体，以几何纹来烘托，有的全是几何纹，将各种不同的几何纹穿插组合，使构图繁缛而不杂乱，形式多变、主题鲜明。如龙胜壮族服饰刺绣图案"仿八卦"，以八截莲藕组合成三个互套的内圆，圈内绣凤凰、麒麟、花朵、太阳、星星、鸟蝶戏花枝等，表现吉祥美满的主题，手法多变，意蕴丰富。

瑶族服饰图案多以菱形、正方形组合，单母题重复排列，造型简练而富于变化。构图格式讲究章法，在同类刺绣品中，整幅图案面线、垂直线与平行线选取角度有其规律，不用弧线，先用黑线或白线依布纹绣出行行排排大小相同的方格，方格中再配绣十、井、米、已、丫、女等字和花鸟鱼虫等动植物图案，布的面积容不下一个图案则绣半个。纹样虽只有三角形、四方形、菱形、齿形、草木形等基本形，但能组合出人物、动物、植物等繁多形象和以对称式、水波状、二方或四方连续排列构成的象征性图案。

瑶族挑花图案也是多样统一的，草木花卉、飞禽走兽按布料纱路、经纬自然有序地呈现出来，十分别致。服饰上的刺绣挑花动感强烈，如云龙游动、双马对峙、鸟立龙或马背、猎人捕鹿等图案十分传神，堪称艺术珍品。苗、侗等族服饰装饰工艺喜用各种直线和曲线组成的几何纹来描摹自然物，构图简洁明快。如苗族的大花锦，以长、短直线和曲线以及点、线、面构成二方连续结构的骨架，在骨架内织小型几何纹作为主花，在骨架外织人字斜纹或齿状纹作为次花或角花，主次分明，构图活泼，节奏感强。苗族的小花锦，以菱形或六角形几何图形斜着排列成四方连续骨架，在骨架内织自然纹和鱼虾鸟蝶花等动植物形象，空隙处点缀些小角花，构图丰富且严谨，点缀的角花陪衬主体纹样显得很大方。

苗族刺绣构图讲究意境，如藤蔓攀缠，龙花吐艳；飞燕出窝，画眉欢唱；瓢虫点水，细虾潜游；山茶新蕾，双凤朝阳；牯牛对阵，铜鼓争鸣；红日高照，明月悬空；朗星闪烁，彩霞飘荡等，构图情景交融，洋溢诗情画意。

侗族服饰图案多以花纹、钱纹、人纹、蛛纹和鲜花、蝶鸟、蜘蛛等来组合造型。如黑白大花锦在四方连续结构基础上变化多端，图面上很少留大块底花，在图案纹样交接的空隙处，常用白棉纱织一行行的小白点，填满空隙，远看会产生错觉，把小白点看成灰色的面，将本来的黑白锦视为黑、白、灰三种色，使锦面色彩对比度减弱而显得协调。用料也讲究多样的统一，以较细的黑色或蓝色棉纱为经，较粗的白棉纱为纬，色调的深浅、纱线的粗细相辅相成，如高音与低音配奏出的美妙的和音一般，织出一种特有的浮雕式的美：纬线粗，纹样高出底面形成半浮雕式，加上锦面又有小面积的深色凸出，使锦面产生立体感，纹样更清晰突出，锦面更厚重，这就是把粗细、深浅等对立的因素统一在一个整体内创造出的和谐美。侗族刺绣多有卷云浮游的动态连续图案，呈现具有飘逸神韵的艺术美。

广西的布贴工艺也能给民族服饰增加多样统一美的效果。布贴用各种不同颜色的边角碎布，剪拼成花鸟鱼虫等各种图案，又在图案中的花蕊、叶脉、枝叶、藤蔓或动物的头、眼、翅、脚等处用刺绣法做局部加工，使造型更夸张、更生动，装饰味更浓，在布贴纹样边缘用针线锁牢，形成一道美丽的轮廓线，使构图轮廓清晰醒目。布贴图案构图注意平行对称或交叉对称，简练明快，图像绘法多采用夸张、变形、象征手法，浑厚古朴，多种边角碎花、多种针法加工，构成如艺术拼盘一样的图案，用于帽、胸襟、袖口、鞋面、背带等显眼处做装饰，给单纯净色的服饰平添几分活泼与生机，增强了服饰的整体美和艺术美。

佩饰品的造型和使用也表现出多样统一的美。如侗族的银饰品，由头饰、耳饰、颈饰、背饰、首饰及足饰等多种类组成一个套装佩饰，每个品类都有组合型造型。其中三江、龙胜一带的银花，一般由3~5支组成，每支主杆呈针状，针尾分三叉，每叉缀有一二十个形如鸟兽虫鱼、花草的银片，叉顶上多有一只展翅欲飞的银凤凰，银花上还垂吊大小不等的红绿绒球，一般与银簪、银梳一同佩戴，叮当作响，五光十色，如立体艺术珍品展。又如耳饰中有一种"套"环，由方条卷成，在环上又套着由大到小数十个小圈。项饰中有一种项圈由三件构成，第一件是一根大菱形的银条打成的大圈，两端用细丝圈绕；第二件是圆形圈；第三件是扁形圈，把后两种圈套进菱形圈，组合成一件复合型项圈，颇有艺术品位。

侗族的胸牌十分精美，最具艺术美。由 3 层 17 串组成，呈宝塔形，顶层为小龙形花块，系在颈圈上，下有 3 串银链；中层为宝瓶形太阳花块，下有 5 串银链；下层为矛、戟、剑、镖等银兵器；每层两边缀百合花、菊花、玉兰花形银铃束，花块上用钴蓝、翠绿、橘黄等珐琅着色，显示典雅华贵的美。银饰品采用雕刻、镂空、浮雕、圆雕等艺术手法，多种技巧综合运用，相得益彰。如头花、帽花、耳环、胸牌上的鸟兽虫鱼、花叶等饰品组件采用圆雕、镂雕技法，构成立体型，又在这些立体型表面，采用浮雕和线刻手法描绘鸟羽、兽毛、鱼鳞、花瓣、叶脉的平面纹样，使整体造型生动活泼，局部刻画精致逼真、栩栩如生。在银饰品装饰纹样的周边施用大量的圆点，以圆点衬托立体形象，加强周边的厚重感，使银饰品构图更为丰满。

第四章　广西民族服饰色彩元素及特征

广西少数民族服饰的色彩艳丽丰富，用色大胆、强烈而又谐调，洋溢着一种浪漫的激情和充沛的生命力，达到了许多有经验的艺术家也难以企及的境界。更重要的是，在服饰色彩这个具体可感的形象中，往往表达着某种抽象的观念和思想感情，这就是所谓的"民族服饰色彩的象征"。色彩对于广西民族文化载体具有重要作用，是通过象征的方式实现的。

第一节　广西壮族服饰色彩

色彩是一种视觉感受，客观世界通过人的视觉感官形成信息，使人们对它形生认识。在视觉艺术中，色彩作为给人第一印象的艺术魅力更为深远，常常具有先声夺人的力量。壮族是中国人口最多的少数民族，主要分布在广西、云南、广东和贵州等省区，在与包括汉族在内的兄弟民族大融合之前，有着自己独特的生活方式和生活习惯，形成了鲜明的民族文化特色。壮族对生活色彩的独特选择，从侧面揭示了他们对色彩的审美追求和理解，反映了这个民族的个性特征及其背后的文化内涵。

一、壮族的色彩分析

色彩是审美感觉中最普遍、最大众化的形式之一，也是构成服饰美的一个重要因素。色彩能够表现情感，一个民族选择何种颜色作为本民族的主要服装颜色不是任意而为的，壮族亦是如此。概括来说，颜色的偏好一半源于生理作用，一半源于心理作用。民族服饰的颜色所反映出来的是凝结着不同时代、不同民族、不同阶级的审美理想和审美习惯，它广泛、生动、直接地反映一个民族的审美心理，而这一审美心理又与该民族的生存环境与社会历史文化密切相关。

在此对壮族用色的分析来发现其地域特征，明确文章主旨：任何一个地区、民族、国家都会受到历史、文化背景及心理的影响而偏爱或禁忌某种色彩。色彩的心理作用与人们所生活的自然环境、人文背景及地域文化也有着显而易见的联系，在一定的时期与人的民族状况和风俗认同有着内在的联系，不同的民族由于文化传统与风俗习惯不同，对色彩的反应与态度也各不相同。

二、壮族的多用色

壮族的服饰主要以红、黑、蓝为主。壮族男子一般着黑色唐装将蓝色作为辅色，上衣短领对襟，穿宽大裤，有的缠绑腿，扎头巾。女子戴红头巾或黑头巾，着藏青或深蓝色短领右衽偏襟上衣。男女服饰也有差异，男子多单用黑色，辅用蓝色，较为单调。女子则以红色、蓝色、黑色为主色，还有小面积用其他颜色。

蓝、黑两种颜色是壮族传统服饰最基本、最普遍的色彩，而黑色在壮民的心中是庄重、严肃的象征。壮族习俗以黑为贵，把黑衣、黑裙、黑裤、黑头巾作为礼服，只有在参加婚礼、做客、赴宴和一些祭祀等重大场合人们才穿上黑色盛装。如今在某些偏僻的村寨，姑娘出嫁还是穿黑衣、黑裤，打黑伞、穿黑鞋，外婆送给外孙女的结婚礼物中必有一条黑布。儿女双全的长寿老人去世，送殡的人均穿白衣，但绑棺材的布却是黑色的，这就表示这个老人有福。甚至百色市那坡县有"黑衣壮"，头戴黑头帕、身穿黑衣黑裤黑裙、脚着黑鞋，以黑色为族群标志，这些都表明壮族人民以黑色为贵的审美价值，甚至是以黑为吉祥色，这与汉族忌讳在婚嫁、节日中使用黑色的习俗是截然相反的。

三、壮族服饰中色彩性格的分析

红色纯度高，注目性高，刺激作用大，人们称为"火与血"的色彩，是最能引起人们兴奋和快乐情感的颜色。红色对人的感官刺激作用十分强烈。它使人联想到鲜血和生命、太阳和火焰；它象征着热烈、活泼、浪漫与火热；使穿着者更显朝气、青春与活力。红色运用在服饰上最能传达热情，奔放，喜庆的感觉。表现为一种活力、积极、温暖、大胆、热情、开朗、欢乐、喜悦的个性。

蓝色是一种比较柔和、宁静的色彩。蓝色对人的眼睛的刺激作用较弱，但由于它能使人联想到天空和海洋，给人以高远、深邃的感觉。蓝色象征着宁静、智慧与深远。蓝色犹如一望无垠的大海，闪动着深邃而神秘的色彩。蓝色服饰能很好地表现诚实、认真、理智与悠久的个性。深蓝色体现成熟稳重，是智慧的象征。藏蓝色由于明度太低，则可表现为老练、沉重、庄重的气质。

黑色为全色相，是明度最低的颜色，也是没有纯度的颜色，给人以稳重、庄严、高贵、神秘。黑色以高雅的格调，华贵而又饱含质朴，给人以优越感、神秘感，是高贵风格的体现。黑色具有双重性，一是象征着沉默、黑暗、深渊；二是象征着庄重、神秘、成熟、刚直。黑色应用在服饰中表现出深刻，冷漠的个性，并富有都市韵味和高雅的气质。

四、崇尚的原因

壮族为什么会崇尚蓝黑并以黑为贵、以黑为美，主要有以下四点原因。

一是壮族着蓝黑色与土司制度有关。以色彩表明人物的身份，区分尊卑贵贱，是我国古代色彩文化的一个重要组成部分。在我国漫长的封建社会中，很多朝代都将服饰体制作为治国的一项重要措施，每逢改朝换代，均由天子颁布本朝的服饰制度，各级官吏和庶民必须严格遵守，否则按律治罪。故司马迁在《史记·历书》中说："王者易姓受命，必慎始初，改正朔，易服色。"明清时期，在土司统治的地区，为了显示自己的威严及特权，不少地方土司对壮族人民的服饰颜色作了种种规定，并且违者处罚。如明末清初，那坡县土司规定"壮族土民的衣服只准穿蓝黑两色，上官及亲属穿绸缎料子。读书的人可穿灰色、白色，考中秀才者可和土官一样穿大襟长衫马褂。"在广西大新、德保等地的土司也有类似的服饰规定，受这一强制性的规范约束，壮族人民自然只能穿蓝、黑两种颜色的衣服。

二是与经济文化、地域有关。壮族是在特定历史条件下，因民族纷争和民族歧视而被驱赶到中国西部山区，依仗深山老林的躲避才得以生存的民族。由于壮族居住在山区，消息闭塞，与外界很少有来往，多是自给自足的生活状态，对自己染制出来的黑蓝土布有种偏爱的情感，形成了以蓝、黑衣服为着装的习惯，正如动物身上的保护色一样，逃避和躲藏使他们本能地选择了近似于大自然色彩的黑色。此外，在一些山林地区，除了耕作之外还需要狩猎才能满足生活需要。壮家猎人穿蓝、黑衣服猎于山林之中不鲜明显眼，有利于狩猎者的活动，蓝、黑衣服对他们的经济文化无疑是比较适合的。

三是与心理文化有关。在抵抗外来侵略的战斗中，受伤的部族首领因无意中用蓝靛草涂伤口而治好了伤，重上战场并击退敌人，取得了保卫家园的胜利。于是首领号召人们全部穿上用蓝靛染制的黑布衣服，以纪念给他们带来吉祥的神物蓝靛。这个传说直观上告诉我们，是黑色保护了他们，使他们得以世代在这片土地上生存繁衍，所以他们崇尚黑色。在这个传说的背后真实隐藏着黑衣壮族群深藏的集体记忆。在中国传统文化中，黑色是北方、水神、雨神、冬天的象征，因战乱从北方迁移到现聚居区的黑衣壮，正是用黑色表述了他们对北方故土的怀恋，并传达着他们对水、对雨的渴望。对于生活在普遍缺水的山区的黑衣壮来说，水就是生命和希望，黑色的服装是一个符号，是他们对水神、雨神的日夜祭祀和祈祷。黑色凝集着黑衣壮人民对昔日历史的美好记忆和对未来生活的庄严祈祷，它是吉祥、神圣、尊贵、美好的象征，是他们的文化之根和希望之光，因此黑衣壮崇尚黑色并世代传袭了衣黑的传统。壮族崇尚蓝黑并转为崇拜蓝黑的燃料。有的地方壮族妇女对蓝靛和染缸敬若神明，在逢年过节时还用酒肉供奉，贴吉利红纸，以寄托染织事业兴旺，实现丰衣足食的愿望。壮族人民在服饰中注重实用功能，色彩顺应周围的环境，把布染成蓝黑色或青色，既在劳动中耐脏，又与自然环境搭配和谐。

四是出于民族的尊严，同时也是民族的保守与落后，其他民族的服装色彩等服饰文化被人为地拒绝在壮族群体之外，认为改变自己民族习惯是伤风败俗的事，因此壮族服装色彩就这样我行我素地演绎了一千多年。黑色塑造了壮族沉着、朴素、耿直的民族性格特征，壮族长期以来稳重、厚道的民族气质与黑色有着共同的精神内涵，黑色也成为壮族人民精神世界的寄托，进而成为壮族人民的象征。

以上这些服饰色彩特征是壮族生活环境与世代的习俗文化所铸造的结果，无不表现出壮族人民顺应环境、贴近自然，与自然相依相融的审美观念和富于智慧的人生创造。

五、黑衣壮

黑衣壮是广西壮族的一个支系，即布嗷、布敏两族，主要集中在广西与云南边邻的那坡县，按自称和语言划分约有 12 个族群之多，总人口 51800 多人，占当地壮族总数的33%。黑衣壮以黑色为美，并以黑色作为族群的标记，其独特的生活习俗和文化特征越来越受到世人的关注。黑色服饰，作为黑衣壮的传统文化之一，最直观地体现了该民族的文化特征，这种特殊的服饰文化蕴含了该民族丰富的民族文化内涵。

（一）黑衣壮民族服饰概述

自古以来，服装都是人类赖以生存的必需品。但是不同的历史时期，服装的功能性也是不一样的。远古时代，服装主要用于遮羞避寒。而随着人类历史进程的不断发展，服装更具有了它的文化和内涵。服饰，从狭义上讲就是指人的穿戴，例如上衣、裤子、裙子、头巾，还有鞋袜，等等。从广义上去理解，服饰是一种民族的文化，包含服装的制作工艺，还有它带给人们的审美感受。不同的生活环境有着不同的服饰要求；不同的民族有着不同的审美习惯。服饰文化就像是一本直观的历史书，最直观地呈现这个民族的文化特色。在一定程度上也反映了一个民族的精神面貌和经济发展水平。

1. 黑衣壮服饰的演变

20 世纪 50 年代初，广西壮族自治区宁明县的几个农民无意中在花山的一座绝壁上发现了很多奇怪的图案，岩画上的人们又舞又蹈，形象生动，他们被眼前的画面惊呆了，这些奇特装饰的舞者来自何方，他们和祖辈居住在这里的壮民有什么关系呢？1976 年 2 月，在广西壮族自治区贵县（今贵港市）发现了一座汉墓出土了一块丝绸残片，让人们进一步真实地了解到了两千多年前壮族先民就掌握了高超的织锦技术。

壮锦的编织不同于其他编织，它的纺织机可以在一根纬线上同时用多种颜色来编织，这样可以编织颜色艳丽、纹饰多彩的壮锦，即便现在先进的纺织机在一根纬线上也只能通过一根同样颜色的线。也就是说，早在两千多年前，壮锦就成为当时壮民身上美丽的服装面料了，壮族一直流传着无锦不成衣的说法，壮锦在壮族的意思为天纬，这使我们不难看出壮锦在壮民心中的尊贵程度，因为它的精美，壮锦被称为中国的四大名锦之一，作为民族的骄傲，壮民一代又一代把它穿在身上。

随着历史的推移，壮锦也不断地发生演变，它渐渐地从服装面料变成壮民身上的装饰，仅仅出现在背带、头巾、围裙和背包上。如果追根溯源，我们会发现，壮族服饰其实是以黑为主的。中国西南边陲的百色市那坡县，是广西壮族自治区八十多个县中壮族比例最高的县之一，那里人们的穿着保持了壮族人民最原本的颜色。那么黑衣壮为什么生活在如此干旱的地区，过着与世隔绝的生活，并且坚决地选择黑色作为自己支系的标志呢？

黑色是夜的颜色，肃穆而庄重，同时也蕴含着一种未知的神秘感。黑衣壮，是一个以黑色为服饰主体颜色的民族，在人们看来黑衣壮充满着神秘的色彩。这个全身着黑的民族是广西壮族的一个小分支，他们身居偏远山区，生活在一个与世隔绝的环境里，这使他们的民族文化以及服饰文化得到了很好的传承。随着时代的发展和各民族文化的不断融合，黑衣壮的神秘民族文化越来越多地引起人们的关注和探究。那么黑衣壮的黑又是从何而来，因甚而起呢？其实这个民族服饰的产生，源于一个民间神话传说。相传在远古时代，在一次反抗异族侵入的危难关头，民族领袖得到先祖托梦指点，用野生蓝靛当草药能止血疗伤，将衣服染成黑色能形如黑神。次日，首领命族人摘取蓝靛，果真能止血疗伤。他命族人将衣服染成黑色，最终取得保卫家园的胜利。从此以后黑衣壮人民都穿黑衣，在此看来，黑衣壮以黑为主的民族服饰，是带有神话意味的，人们身着黑色衣裳，是对神灵的敬仰和崇拜。因为那场战争，黑衣服让这些壮族子民得到了神的庇护，黑色自然象征着庇护和平安，成为一种被视为希望和神灵保佑的象征。而今，黑衣壮族依然保持着这种穿着习惯，可见这种以黑色为吉祥色已经变成了这个民族固有的传统和习俗，那个流传的故事显然也增加了几分真实性。

黑衣壮生活的地方，除了大山还是大山，没有河流溪谷经过，干旱常常使庄稼收成所剩无几，水成为生活在这里的黑衣壮最渴望的东西，祈雨成为他们生活中不可或缺的部分，他们相信天上有了云，打了雷就一定会下雨，这样就有风调雨顺的好日子，在这样的希望下，在大石山中，不论男女老少全身都穿戴着黑色的服饰，这里的村民们相信，黑色会给他们带来雨水，带来好运。

普列汉诺夫在他著作的美学论文中指出："任何一个民族的艺术都是由它的心理所决定的；它的心理是由它的境况所造成的，而它的境况归根到底是受它的生产力状况和它的生产关系制约的。"这段话很好地揭示了民族服饰文化所蕴藏的社会经济以及政治的浓郁色彩。比如，在我国古代，汉族平民被视为布衣，而贵族则视为锦帛。就连服装的颜色和款式也是阶级划分的标签。如穿着短衫裤子的，是从事体力劳动的人们；而长衫裙子是无须劳作的上层阶级的着装；金色是帝皇阶层的专属颜色，任何人都不容许冒犯。黑衣壮在发展到土司阶段，这个民族的服装颜色也成了人们判别个人社会地位的标志。如土司制度规定地位最卑下者只能穿黑色或者蓝色衣裤，上层阶级才有权力在衣服上加上一些其他颜色的裹边。服饰颜色也成为人们判别社会地位的标志，具有辨别身份地位的作用。除去政治经济以及神话的因素，黑衣壮的生活环境对他们的服饰文化有着直接的关系。黑衣壮居住在被称为十万大山的大石山区，喀斯特地貌的山色偏深灰黑，独立而尖耸，有一种威严肃穆的感觉。这种以黑为主色调的自然色成为黑衣壮对黑偏爱的一个原因。黑色在染色工艺中是比较容易提取的一种色彩，黑衣壮远居深山，使得他们的经济的发展也受到了制约，因此以黑为主色调，也有一定程度的原因是黑色更容易获取。由于与世隔绝，经济发展也相对缓慢，当地人民自给自足的社会生产关系从未被打破。因此黑衣壮人民也延续着古老的男耕女织的生活方式，自己耕种自己制衣，这种传统的经济生产模式使得民族原始的服饰流传下来。

2. 黑衣壮服饰的图案纹样

黑衣壮的黑衣裳无论是色彩还是剪裁都极为简洁大方，没有多余的装饰。然而身上其他的配饰，比如头巾、扣子、荷包、布鞋以及首饰却是该民族男女凸显个性表达时尚的一个重要方式。黑衣壮妇女的头巾，也以黑色为主调，但是爱美的壮族人民以黑色为底色，在冷静肃穆的底色上勾勒出绚丽的线条。这种张扬的彩色多为红、黄、蓝等亮色，多用于头巾的边角，有的是如流水的直线，有的是如河面的波纹，寓意着身居深山的壮族劳动人民对雨水的渴望。这样若隐若现的装饰，有着一种活泼俏皮的美感。在庄重的大面积黑色的底色上，任何一种亮色的点缀都会成为画龙点睛之笔。

黑衣壮服装上的纽扣，恰好就是这样的"点睛"。衣裳上的纽扣是用布料盘成的小花苞。黑衣壮通常会在黑色的衣服上点缀娇嫩的粉红或者是鲜亮的大红色纽扣。这种温暖的红色在冷峻的黑衣裳上的装点，深沉的黑瞬间就被激活了，整个服饰因此而鲜活了起来。另外，衣裳的衣领和袖口也有亮色线条的装饰。衣领或袖口被几何形的线条修饰着，有水波纹、网纹、回字纹、菱形纹。这种看似简单的线条，勾勒出独具特色的乡土风情，恰恰能表达壮族人民一种淳朴简洁的审美情趣。

（二）"黑衣壮"服饰文化

走进黑衣壮寨，家家户户都有蓝靛染缸，晒台上晾晒着用蓝靛染制的黑布，村寨里散发着浓郁的蓝靛香味，使人感到浓烈的蓝靛染织文化氛围。关于黑衣壮的服饰起源有这样一个传说：古时候，黑衣壮遭到了外族入侵，他们的首领侬老就带领大家进行抵抗。在战争中，侬老不幸受伤，在退入密林中隐蔽时，他发现一片野生蓝靛，就将其摘下捣烂敷在伤口上，伤口竟然很快愈合了。侬老于是带领族人重上战场，击退了敌人，保卫了自己的家园。侬老认为野生蓝靛是一种神草，便令族人移植野生蓝靛，用它染衣，世代相传沿袭至今。

头服是黑衣壮妇女服饰中最具特色的。当地人认为这种头饰可以保护头部，夏天戴头巾可遮阴避暑，冬天则用来防寒御冷，同时还可以避免风吹雨打。黑衣壮妇女头服由内外两部分组成，内头服是一条刚刚好包住头的白头巾，外头服则是一条质地坚硬的长黑布条，折成大菱角形戴在头上，风吹抖动都不会变形（图4-1）。

传统的黑衣壮服饰都是自种自制的土棉粗布，质地良好，暖和又耐穿。黑衣壮妇女体服的上衣一般较短，下衣则是大筒长裤，腰系黑色围裙。围裙能用来装饰，还可以把裙底翻上来当包袱用，劳动时装些豆子和粮食。随着社会的发展，人们的服饰也有所改变，黑衣壮许多年轻人开始改穿蓝色的上衣，女子的衣袖、裙边、头巾四边也逐渐有了彩色的条纹装饰，给她们庄严朴素的黑色服饰增添了一些明亮和欢快的色彩（图4-2）。

图4-1　头服

图4-2　体服

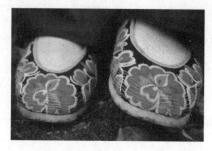

图 4-3 足服

图 4-4 男子穿的是前盖大襟上衣

图 4-5 妇女围裙

在足服方面，黑衣壮妇女一般穿翘头绣花布鞋，男子则穿黑布鞋。当地的女孩子长到一定年龄时，母亲就会手把手地教她们做布鞋。黑衣壮做鞋底的材料十分环保，大多是用旧的衣服或布制作。做鞋时先把材料撕成一定的片状，然后用玉米糊或煮熟的糯米糊一层一层地粘在鞋子样式上形成板块。鞋底做成后再做鞋面，鞋面可以有不同的颜色，但仍以黑色为主（图 4-3）。

男子穿的是前盖大襟上衣，搭配以宽裤脚、大裤头的裤子。这种装束便于他们劳动和在山里行走，古时的男装，头上还缠着围成数圈的黑布头巾，腰间系上一条红布或红绸，以示驱鬼赶邪，也兼有威武神勇的气概（图 4-4）。

妇女的服饰更具特点，无论是老年女性，还是中青年妇女或少女，都喜欢穿右盖大襟和葫芦状矮脚圆领的紧身短式上衣，下身以宽裤脚、大裤头的裤子相搭配，腰系黑布做成的大围裙，头戴黑布大头巾（图 4-5）。

其围裙既宽且长，戴时能系周身有余，裙底垂挂到小腿下部，具有一裙三用的特点：一是作为装饰用，将围裙戴上后，经过善折巧扮即将围裙一角往上打折成三角形系于裙头（前身），可使妇女更潇洒美丽；二是赶圩或走亲友、到娘家的时候，可将围裙底翻卷上来做成小包袱，用以包装衣物、针线和日用杂货等；三是在劳动的时候，可把围裙卷上来作斗形的袋子，以便容纳在劳动中捡来的少量菜豆类和零星的杂粮。

（三）黑衣壮服饰的色彩分析

1. 黑衣壮服饰色彩的构成元素

黑壮服饰的色彩构成非常独特，虽然从整体上来看黑色占据了我们的视线，但是只要我们仔细分析，就会发现黑衣壮服饰的色彩的构成是非常丰富的（图 4-6）。

（1）五色相色

相是色彩的相貌，指能够比较确切地表示某种颜色的别称。色彩的色相是色彩的最大特征。黑衣壮服饰色彩的色相主要由五种色彩元素组成。

图 4-6　黑壮服饰的色彩

黑色。黑衣壮服饰以黑色著称，服装中黑色的比例极高。黑色有时候甚至占到整个服饰色彩面积的 90% 以上。黑衣壮的黑色纯度很高，光线比较暗的环境下我们能感受到它如黑墨般的质地。虽然黑衣壮服饰的黑色通常明度比较低，但是黑衣壮服饰织染的材料决定它有一定的反光效果，所以在光线比较好时，它会受环境色影响产生色彩上微妙的变化给我们的创作提供了更多空间。从其色彩性质（冷暖）来说，由于黑衣壮服饰的黑色是由蓝靛草染成的，所以通常情况下其色性都会偏冷色，这也是我们在以黑衣壮色彩来创作时的整体基调。

蓝色。事实上蓝色是壮族服饰的主要颜色，黑衣壮虽然不同于其他壮族，以黑色为主。但是除了黑色，蓝色在黑衣壮服饰中所占比例仅次于黑色，而且近年来蓝色的比例呈越来越多的趋势。有时候黑衣壮的蓝色会占整个服饰色彩比例的 30% 之多。黑衣壮服饰的蓝色大概分为两种，一种是深蓝，这一部分色彩明度低，在油画颜料中类似普蓝和群青相结合的颜色，明度虽不高，但是如同黑色一样略有反光效果，在不同的光源以及环境色下会有很多微妙的变化。另一种蓝色是天蓝色，大多用做围边，通常做围边的天蓝色色相明确，纯度很高，即使和深蓝搭配在一起仍然显得很醒目。它和深蓝一样呈冷色调，和偏冷的黑色一起组成了黑衣壮服饰最基础的色彩性质。

红色。通常在黑衣壮服饰里，红色比例并不是很高，主要是扣子以及围边，鞋子这些地方会出现红色。但是到了黑衣壮的节日，黑衣壮民不管男女都会在服饰里加入很多红色的元素。男人把红带子系在腰间，而女人则在袖口、裙边等处都用红色，给节日带来了很多喜庆的气息。通常，他们用的红色都是大红色，色彩纯度饱满，明度较之蓝色又高了很多，色调为极暖，与极冷的蓝色形成鲜明的对比。在整体呈冷色的黑衣壮服饰底色衬托下显得格外亮丽。它给我们创作黑衣壮节日气氛的题材提供了很重要的色彩依据。

黄色。黄色主要出现在作为配饰的"月亮包"上，虽然这个以黄色为主的小包在整个黑衣壮服饰色彩中比例并不高，只占 2% 左右的面积，但是其色彩纯度高，明度也很高，所以视觉上很显眼。通常"月亮包"颜色介于油画颜料的中黄和淡黄之间，色性为暖色调，在冷色调的背景下显得格外突出，可以给黑衣壮服饰色彩元素的绘画创作带来丰富的色彩变化。

白色。白色在黑衣壮服装中并不多见，只在布边和帽子里的包头露出来的时候出现，但是黑衣壮银白色的配饰项圈和项链可以在画面中起到重要的作用。银白色的项圈在黑衣壮服饰中大约占5%的比例，项圈反光强，容易受环境色的影响，在创作的时候可以根据画面需要来调整这个色彩的明度、纯度和冷暖。

（2）高纯度

纯度指颜色饱和度的高低及纯净程度。是没有掺和其他颜色成分，使色彩达到鲜明及饱和的程度。不同颜色的色彩有差异，同种颜色的色彩也有差异。黑衣壮服饰的五种色彩的纯度都很高，鲜艳亮丽，很少掺杂别的颜色。用高纯度的色彩进行绘画创作给人感觉简洁而鲜明。

（3）低明度

明度是眼睛对于光源和物体表面的明暗程度的感觉，主要是由光线强弱带来的一种视觉经验。指色彩的明暗、深浅程度的差别。我们也可以把明度简单理解为颜色的亮度。黑衣壮服饰的颜色中有高明度的黄色、蓝色等颜色。但是因为以大面积的黑色为主，所以整体色彩是低明度的。

（4）冷色性

色彩的冷暖是相对模糊的一个概念。它指色彩本身给人心理上或冷或暖的感受。对于色彩冷暖的区分没有具体的界限，颜色的冷暖是相对而言的。颜色让人产生的冷暖感受也是色彩的魅力之处。黑衣壮的黑色是用蓝靛染织而成，它其实是颜色非常深的蓝色，从视觉感受来说，它明显给人一种偏冷色的感觉。

2. 黑衣壮服饰色彩构成的形式美感分析

黑壮服饰给人一种独特之美，这种美主要来自黑衣壮服饰巧妙地运用形式美法则所进行的色彩构成。下面从比例、对比、统一、变化、节奏、韵律等方面对黑衣壮服饰色彩构成的形式美法则进行分析。

（1）明显的比例

黑衣壮服饰中，包括头巾、衣服、围裙、裤子和鞋子的底料都是黑色的，所以黑衣壮服饰色彩中黑色的比例往往达到80%以上。

蓝色在黑衣壮服饰中所占比例往往不是很固定，除了天蓝色的布边外，有时候会搭配深蓝色的布，10%~35%的变化区间，白色的布边和银白的项圈、项链占5%，黄色荷包占3%，红色会因场景的不同会有1%~10%的变化区间。经过分析，我们看到，黑衣壮服饰有着相对比较固定的色彩搭配比例。

黑衣壮的色彩构成比例以黑色为主，蓝色次之，配饰以银色最为重要和显眼。如果黑衣壮服饰颜色只这三种，那么不免给人空洞、呆板、沉闷、沉重的感觉。而黑衣壮却用一点点妩媚温柔的粉红色、热情的红色、清新欢快的黄色以及轻快的白色点缀出勃勃的生机。整个服饰颜色给人以保守、坚硬、平静、内敛、低调，却又不失温和、炽热、清新的感觉。

（2）巧妙的对比

两种可以明显区分的色彩叫对比色，包括色相对比、明度对比、冷暖对比、补色对比和消色对比，等等。一幅完整的色彩作品中，既存在着同类色对比，又存在对比色对比，两者缺一不可。同类色对比是的画面对比和谐，而对比色让画面的重点和中心对比更加强烈。黑衣壮服饰色彩不仅有黑白的对比，还有蓝色和红黄的冷暖对比。在整体冷色中又巧妙地点缀了一抹暖色，使得整个服饰的色彩顿时变得生机勃勃。

（3）和谐的统一

在整个黑衣壮服饰中，我们除了黑色，还可以看到蓝色、银色、黄色、红色、粉色、白色等丰富的颜色。虽然色彩丰富，但是它们和谐地统一在黑衣壮服饰之中。在黑衣壮服饰色彩中，整个主色调非常明确，就是大面积的黑色。黑衣壮服饰色彩的统一是通过增大黑色的比例缩小其他颜色的比例而得来的。毫无疑问，黑衣壮服饰色彩以黑色为主基调。色彩既丰富但又严格统一于黑色之中，是黑衣壮服饰色彩的特色。

（4）细微的变化

在强调黑色的黑衣壮服饰色彩中，我们仍然能找到其他色彩的变化：红色、粉色、黄色、白色等颜色在整体黑色色调的衬托下显得鲜艳亮丽，十分醒目。除此之外，黑衣壮服饰布料的染织主要是用蓝靛来完成，所以在不同的工艺条件下，在不同的光线条件中我们还会看到黑衣壮的黑色自身产生的变化——蓝色和黑色之间的变化。黑衣壮服饰色彩的变化是微妙的，它统一于黑色的总体色调中。但是这种微妙的变化却可以极大地丰富画面，突出主题，为艺术创作提供了无尽的空间。

（5）低沉的节奏

节奏源于音乐的概念，解释为一种有规律的、连续进行的完整运动形式。用反复、对应等形式把各种变化因素加以组织，构成前后连贯的有序整体（节奏），是抒情性作品的重要表现手段。节奏不仅限于声音层面，景物的运动和情感的运动也会形成节奏，节奏变化可以说是事物发展之本源，同时也是艺术美之灵魂。在美术作品中，节奏是按一定的条理、次序、重复性连续排列，形成一种律动形式。它有等距离的连续，也有渐变、大小、长短、明暗、形状高低等排列形式。在黑衣壮服饰色彩中，我们不难找到暗合艺术创作中节奏的美学元素：黑色和深蓝色的起伏、黑色的帽子和鞋子大小的对比、粉红或者红色的扣子的连续重复、对称的银白色双鱼项圈和斜挎的黄色荷包的对比等元素，组合成了黑衣壮服饰色彩独特的，给人一种神秘的、低沉的节奏感，有人说节奏是音乐的骨骼，在我看来黑衣壮服饰色彩低沉的节奏感正体现了这个民族的民族精神的本质。

（6）悠远的韵律

在节奏中注入美的因素和情感的个性化，就有了韵律。正如康定斯基在他的著作《论艺术的精神》中说道："色彩宛如琴键，眼睛好比音锤，心灵犹如绷着许多根弦的钢琴，艺术家就是钢琴家的手，有意识地接触一个个琴键，在心灵中激起颤动"。黑衣壮服饰色彩比例巧妙、错落有致、和谐统一，产生出强烈的美的魅力。在深沉中有变化，朴实而内敛。给人一种神秘而悠远的感觉。

3. 黑衣壮服饰色彩的精神寓意

有色彩学家曾指出：色彩在民族社会中是作为一种民族风俗习惯出现的，是历史文化心理积淀的结果，并成为民族文化的一个组成部分。它全身浸透了普通语言和行为不便或不能表达的意义。一种集体认同的色彩，它本身就能够引起一个民族共同的审美共鸣，同时它也成为这个族群中最为敏感最为直观的一种情绪表达形式。一个民族的服饰色彩，就是这个民族的重要标记。它不仅是诠释这个民族的性格特征以及精神内涵的第一语言，也是这个民族文化的重要载体。

黑衣壮，一个"黑"字就是它全部的精神内涵。"黑"在这个民族有至高无上的象征意义。以黑为美，以黑为贵是他们最主流的审美观。在黑衣壮人看来，黑色代表一种坚韧不拔的精神，黑色是力量和智慧的集合。它能给族人带来吉祥和安宁，也能够引领族人战胜邪恶，能够保佑族人风调雨顺，繁衍生息。黑衣壮族人民服饰的黑给人端庄严肃的色彩感受，视觉上自然产生一种冷峻和厚重感。然而黑色在色彩中属于无彩色，它的明度是最低的。从颜料学角度来看，黑色最为一种无光色，带给人的视觉感受最低，刺激最小。

黑色是所有色彩的总和，它具有高度的概括性和抽象性。从光学的角度看，黑色可以和其他的色彩形成强烈的对比。黑衣壮人民把黑当成底色，然后用其他色彩进行修饰和烘托，不得不说，这个民族是调色的高手。例如，衣服上的纽扣，他们运用了粉红或者大红。红色象征兴奋、热情、快乐，在感觉上给人以十分强烈的刺激作用，显示着浪漫、活泼与热烈。黑衣壮用红与黑的搭配，红黑都属于浓厚的颜色，有一种厚实的感觉，属于深色调，这两种颜色任意组合都不会给人带来头重脚轻的失衡感。可是当我们细细分析红色与黑色在视觉的感觉后，很容易就会发现红色有一种饱满的、冲出来的视觉感受，而黑色则是有一种浓缩的、向后退的视觉感受，这样的搭配形成了一种神秘又热情的视觉感受。

黑衣壮还在衣领和袖口上装饰彩色线条。这种线条往往采用亮丽的蓝色、黄色或红色，色彩相当明艳。然而勾画的线却又是细细的，若隐若现。美，但又不过于张扬。在大块的黑色中心点缀着明艳的红色纽扣；在袖口边角勾勒细细的花纹。这种色彩的层层递进，为整件衣裳拉出一个层次感来，从而呈现一种端正、朴素的美。民族服饰是一个民族精神和内涵的呈现。黑衣壮服饰的朴素美正是黑衣壮人民高层次审美情趣的呈现。黑衣壮服饰这种直扑眼底的黑色，在视觉上能令人产生敬畏和威严，透露出本民族坚定的意志力，也是黑衣壮刚直民族精神和朴素的民族品格的象征。

第二节　广西瑶族服饰色彩

瑶族在历史上长期处于迁徙流离的边缘生存状态，民族兴衰的历史文化背景影响着民族审美心理结构的形成，历史的发展决定了心理背景的变化。

中国历代王朝都对服饰加以礼法的约束，服饰等级十分森严，以服饰的样式、色彩区别尊卑贵贱。红、蓝、黄、黑、白五色历代为官服正色，平民不得用正色为服饰颜色，按阴阳相生相克的信仰，调配出介于五色之间的间色用于平民服饰，"贵贱之别，望而知之"。瑶族传统服饰却以五色为民服正色代代传袭。"好五色衣裳"成为瑶族服饰的色彩特点，五色官服正色的"贵族化"倾向在这里被"平民化"了。瑶族长期被压抑、受贬低、遭排斥的客观现实与沉重的民族心理构成，要求得到关注与尊重的民族情感宣泄在服饰的五彩斑斓的表层。华丽掩盖着沉重，瑶族服饰除去本身的原始功能以外，还具有更多的自尊、自重、自爱的潜意识功能，以求在心理上得到一些慰藉与平衡。瑶族先民用服饰的五色斑斓来宣扬民族的存在和价值，"好五色衣裳"的成为民族心理对抗的阶级压迫外在表现形式。一方面成为瑶族藐视和反抗皇权统治的有力的证据；另一方面也证明了瑶族心理背景的构成与需求；此外由于瑶族的聚居地是"山高皇帝远"的南蛮不毛之地，封闭性的地域客观条件阻隔了集权等级尊卑制度的执行，这也使其能保持一个独特的土著文化因素而维护民族原始文化的独立性，在封闭的地理环境里追求物质的生存空间和精神的拓展空间。"好五色衣裳"成为瑶族先民一种普通的物质文化消费，又是一种奢侈的精神文化消费。

瑶族"好五色衣裳"的习俗是将色彩作为一种主观的图式符号，赋予特殊的民族情感和文化理念，并通过对物象的视觉认识转换成对内心世界的文化反思。在原始土著文化意识中，晦暝之色的黑色象征着土地。瑶族在历史上被剥夺了拥有土地的权利，成为一个迁徙的民族，黑色成为他们对土地的向往和对失去土地的沉痛之情的情感代码；红色是血液与生命的情感代码，象征着瑶族祖先为了捍卫民族尊严而带伤奋战的血痕；白色、蓝色本身就具有丧俗的悲伤哀痛、凄凉惨淡的中国民族心理情感特征，在这里成为瑶族沉重的民族心理情感代码；黄色代表着阳光，是上天的赐予，是自然界万物生命的源头，也是民族赖以生存发展的希望，历代皇权统治者把它作为皇室的御用色彩，不允许他人染指。而瑶族却把黄色用在自己的民族服饰上，在生命与生存的本原意义背后把民族哀伤的情感寄于其中。"好五色衣裳"，华丽的外在表象形式掩盖了一个民族沉痛的心理悲伤，其中又包涵了瑶族先民对祖先、对土地、对自然、对生存空间的崇拜意味，其图腾崇拜的纪念意义代替了本原的色彩审美意义。这种心理情感是来自瑶族民族文化的精神内核，并通过色彩反映出一种心灵深处的文化心理审美意识。

瑶族服饰的色彩运用重视色彩观念的视觉心理效果和色彩的象征寓意性，又追求色彩以对比、协调为原则的视觉美感的整体效果，跟现代艺术色彩观有着惊人的类似。红、白、蓝三色的配比最具瑶族民族性特点，湖南、广西、云南等地普遍存在以红、蓝、白三色为瑶族服饰色彩特色的基本规律。红色在瑶族服饰中是运用最多的色彩，从色彩自身来看具有喜庆吉祥热烈的寓意，高纯度的红色与蓝色作为冷暖色被放置在一起，视觉上具有强烈冲突效果，瑶族先民用白色作为中性色穿插其中，有效地调节了色彩的对比关系；红色与白色、蓝色搭配使用在瑶族服饰的袖口、裤口、裙边，在以家织布沉稳的黑色主色调里显得活泼明媚，其色彩效果更加大方强烈、鲜明而又协调。红色与黄色、白色的搭配被运用在胸饰、围裙、头帕花边装饰之上，"红配黄，亮晃晃"，凸显出人生的荣耀与高贵，黄色作为历代皇族的特定专属色彩，具有"皇权天授"的象征，具有华贵明丽的心理因素和视觉效果，瑶族敢冒"天下之大不韪"，把皇室的御用色彩用在自己的民族服饰上，把民族情感宣泄在服饰的五彩斑斓高贵的表层空间，既具有色彩上的视觉要求，又具有色彩的寓意性，追求外部形式视觉上的张扬和内在被压抑心灵的释放与解脱的统一，既是观念的、历史的，又是现实的、审美的，色彩的文化内涵和象征意义表露其中，体现了一个民族的自尊与价值标准。随着历史的发展，瑶族服饰色彩构成从原始的民族心理观念性的解释开始走向重归色彩本原装饰意义的心理创造，从追求色彩的心理平衡走向色彩的纯意识审美。一个民族终于走出了自己过去的心理阴影，摆脱束缚去迎接充满阳光的民族复兴。

以金秀坳瑶为例，服装的底色以黑色、深蓝色为主，这是因为坳瑶人民长期在深山之中砍柴劳作，穿着黑色以及深色系衣服比其他颜色的服装更耐脏，并且在早期狩猎时，黑色服饰并不太显眼，可以起到很好的保护作用。因此，在坳瑶人民心中，黑色是最为经济实用的颜色，久而久之也就形成了对黑色以及深色系服饰的钟爱。红色对于瑶族人民来说是吉祥与喜庆的象征，因此，纹样图案大多运用红色、橙色等鲜艳的颜色，与服装的主体颜色形成了鲜明的反差。如在坳瑶服饰中，黑色占服饰主体的大部分，仅在衣襟、袖口以及腰带处运用红色加以装饰，使服装整体的色彩对比鲜明且极具个性。白色也是瑶族服饰常见的颜色之一，坳瑶服饰中的帽子与腰带大多将白色与红色相融合，获得更为强烈的视觉效果，使服装呈现出绚丽多姿、和谐美观的艺术风格，充分体现出坳瑶民族独特的审美观念及其服饰色彩搭配所表现的极具特色的审美趣味。

从心理学上说，对变化的渴望是人的一种自然的心理需求。特别是在社会文化突飞猛进、一日数变的今天，对传统的反叛，对色彩文化丰富性的要求在与日俱增，与保持生物物种的多样性一样，文化的多样性也有其深刻的意义和价值。虽然民族服饰色彩的象征复杂多变，正像黑格尔所指出的："象征在本质上是双关的或模棱两可的"，但求吉驱邪是其总体的价值取向，即以某种色彩来预示好运、幸福、长寿、子孙满堂等，是人们对未来的期盼，对美好的向往，对丑恶和灾祸的拒绝。人们将从动物本能、图腾崇拜、信仰、审美情感中引申出来的色彩作为理想的象征物，利用色彩对人的心理作用去趋利避害。

以色彩求吉驱邪，特别明显地表现在婚丧嫁娶等人生礼仪中。这时，服色在特定的群体意识和传统观念中，是具有文化承诺意味的物态化的象征符号。

如红色在瑶族人民心中是吉祥的颜色，在服饰的装饰色彩中运用最多，从头饰到腰带再到绑腿的细带都能看到红色。同时红色也被认为可以驱邪，象征着生活蒸蒸日上。红色在光谱中光波最长，所以最为醒目。深底色配上明度和纯度都相当高的色彩作为服饰的装饰，就如将深沉的底色比喻成现实困苦的大瑶山，而鲜亮的色彩是瑶族人民在艰苦的环境下依然对美好生活保持着热情的体现。金秀瑶族服饰的色彩给人一种醒目又相宜的感觉，生活的地理环境也在一定程度上决定了他们的服饰和审美（图4-7）。

就如盘瑶，多数居住在平地和半山腰，见到的阳光和树木都是郁郁葱葱，光线充足明亮，盘瑶服饰在此种环境下除严格要求的黑色和红色外，还有占有较大部分的颜色，如黄色、绿色和白色，色彩鲜亮跳跃。又如花篮瑶，居住高山深林，过着一种刀耕火种的生活方式，所以对于服饰颜色的用色相对以厚实耐脏的深颜色为主，再配以红色、白色、黄色作为装饰。在服饰遮寒蔽体的基础功能上，还要便于农业生产活动，上山打猎等。在满足服饰基本功能的朴实的追求之外，金秀瑶族各个支系的人们，都在发挥自己的智慧，为服饰增添光彩，以实现对美的追求。正是瑶族妇女用她们

图4-7　瑶族各支系服饰

善于发现自然界美的眼睛、灵巧的双手和自幼从母亲传承下来的刺绣手艺，通过一针针一线线的编织，将这些对生活的观察、对美好生活的向往，创造出的吉祥图案并用彩色绣出，在朴素的深底色的映衬下五色斑斓，这些美丽的服饰，给家庭成员带来了温暖，带来了美的体验，更带来了视觉上的享受和对美好生活的憧憬。

一、盘瑶服饰色彩特点

盘瑶女装服饰色彩特点：被红色包裹的民族，像燃烧的火苗，热情、醒目。帽子的颜色整体给人的感觉是被红色包裹着的，外边用白色布料包裹，帽子的顶上会是一块绣满装饰图案的布料，图案多为太阳纹、植物纹、万字纹等抽象的图案排列组合而成，图案的丝线主要是红、黄、橘、绿、白。帽子的左、右、后分别有橘色、红色或者红色和橘色夹杂的流苏，帽口边缘和帽身有红色配金色等织锦条或者刺绣条盘绕在帽身作为装点。上衣颜色为黑色棉布。上衣为开衫，左右衣服平行无翻领，领口处用一颗扣子固定，上衣胸前绣有装饰花纹，主要采用红色、橘红色、黄色、白色和金色等，袖口处由花布和刺绣组合而成。裤装为黑色直筒长裤。裤脚小腿部分分别绣有绿色、红色、白色、黄色的几何花纹。服装配饰多用披肩连着一条红黑色的长织锦，胸前可配有银牌，还有满串珠珠及不同规格的彩色绣花袋。

盘瑶男装服饰色彩特点：延续女装喜欢用红色装饰的风格，但红色的装饰面积大大减少，以突出男性的高大伟岸。黑色头巾盘成的帽子，四边绣有红橘色的花纹，前边交叉向后。黑色旗袍式上衣，盘扣整齐居中，左右开衫绣有装饰花纹，颜色多为红色打底，白色和黄色挑花，整齐美观，左右对称。两个口袋分别在前片左右下方，口袋处和衣袖分别有八角纹装饰。黑色长裤，裤脚有5厘米左右的装饰刺绣。

二、茶山瑶服饰色彩特点

茶山瑶的女装服饰种类繁多，各具特色。有的热情似火，有的沉静、朴素。从头饰来分金秀的茶山瑶可以分成牛角式、海簪式、絮帽式和竹篾式四种。

牛角式的整个装饰的色彩搭配得较为柔和，头饰的色彩从里到外分别用白色条纹做内里，桃红色织锦带，末端串有黑色珠珠，连接红色的流苏穗，头顶有六块银板，向上翘起。帽子后边用一块白布遮挡。色彩的运用只出现在衣服开襟处、袖口、边缘处，多用桃红色和白色装饰衣服的边角，呈现出简洁的色彩美，以及流畅的线条美。

海簪式：上衣的颜色为蓝色，头巾、腰带和上衣的装饰均为白色，蓝白搭配给人以清爽的感觉。下装为黑色的宽松长裤，裤脚下边绣有红色的花纹。

絮帽式：整个色调沉闷，头巾、上衣、裤装都为蓝黑色，外衣的马褂衣领交叉处用金色丝线绣有几何图案，腰带和脚笼的边沿分别是红色的织锦带，所占的面积比例不大，亮红色给这沉闷的色调增添了跳脱的灵魂。

竹篾式：头饰上的头巾里面为黑色，用织锦条固定，外边为白色，整体的装束是黑色的上下装，左右对襟上衣的衣袖、衣襟交叉在胸前部分用红色的布面缀以黄色和少许黑色，边上用金色的丝线进行收边和点缀。腰带分为两条，蓝色作为里边固定，红色有花纹的在外边，打结在身后。下装的脚笼部分用与上衣呼应的红色刺绣来装饰，脚笼上有一条较长可以收边红色的织锦带，带有相同颜色的流苏。

成年男装服饰色彩特点：头饰一般用黑色或者深蓝色的长布包在帽子的模型上，模型一般用海绵或者硬纸板定型制作而成，用针线将布条和模型固定住，帽子的前上方有一个小结辫，上边固定有 3 个 5 厘米左右细长的剑形银簪，银簪数量的多寡可以看出这个人的社会地位和家庭的富裕程度。上衣，主要颜色有白色、蓝色、黑色，款式为对襟布扣的唐装短上衣。下身为长裤，脚笼是用彩色丝带进行捆绑固定，既美观又便于行走。

三、花篮瑶服饰色彩特点

花蓝瑶女性服饰被誉为被花拥抱的服饰。披肩和衣袖绣满了大大小小的花纹，非常华丽。

头饰：颜色为白色和黑色或者深蓝色，白色居多且绣有花纹，深色部分靠近额头。上身服饰为长款黑色开襟，没有扣子，完全靠腰带固定，右下左上，形成了不规则的下摆，衣服的开襟部分和下边缘绣有橘红色的花纹，两条袖子绣满花纹，橘红色、黄色、白色、金色等丝线组合，闪闪发光，富丽堂皇。下身为短裤和绑腿，均为深色。

装饰部分：装饰部分采用白色、红色、橘色、黄色等作为装饰，就如身后的披肩和腰间的腰带，尽显五色斑斓的美丽。

花蓝瑶男性服饰色彩特点：与花篮瑶女性服饰相比较为简单，总体以深色为主，头巾多为橘色绣有花纹，上衣和长裤没有特别的花纹装饰，腰带有白色和橘色两种，裤腿有脚笼，便于在山间行走和劳作。

四、山子瑶服饰色彩特点

山子瑶女性服饰色彩特点：色彩层次鲜明（图 4-8）。

图 4-8　山子瑶女性服饰

1. 头饰

是一块黑色的头巾，四周都绣有白色装饰花纹，中间绣有白色的太阳纹图案，接近额头处有红色、橘色、黄色的装饰图案，头巾两端为布面剩下的白色、橘色、黑色流苏，头巾用彩色丝带固定在女子的发髻上。

2. 上衣

黑色，为小立领侧扣旗袍款式，绣有颜色鲜艳的花纹，衣领和扣子处有玫红色的棉线流苏。左衫与右衫有大面积的重叠，用腰带固定收腰，腰带用深蓝色做底色与下边的绑腿的颜色形成呼应，再用红色、白色、黑色、黄色绣成装饰的图案。

3. 下装

短裤的颜色也为黑色，绑腿为蓝色，与腰带颜色呼应。山子瑶男性服饰色彩特点：色彩种类少，面积精巧，是服饰的点睛之笔。

整体上看上衣、长裤和帽子这三部分均为深蓝色，用蓝靛草染制而成，帽子由长布条包裹在模型上并由针线缝制固定，帽子前额中间绣有图案，上衣为旗袍式短装，宽大。下装为宽松长款高腰直筒裤，长裤由白色腰带固定，白色腰带两头分别有彩色花纹。

五、坳瑶服饰色彩特点

坳瑶服饰别具特色，男子穿大领对襟，即左右开深衩长可及膝的古老装束。女子衣着绣有花边，下着短裤。制作方法极为简单，以布料两幅纵褶，参错合上，只缝两条骨缝，便成人形无裤头的短裤，方法原始。服饰有花纹，银饰主要有头钗、头钉、头针、耳环、吊牌等。尤为显眼的是，坳瑶妇女喜欢戴竹壳帽，竹壳帽是用崭新雪白的嫩竹壳折制而成，帽似梯形，大小按各人头部而定，其四周插上 5 根银质发簪，两侧各绕一条银光闪闪的链条（图 4-9）。

图 4-9　坳瑶服饰

（一）坳瑶女性服饰色彩特点

1. 头饰

为梯形竹壳帽，帽子边沿可插银条作为装饰。

2. 上衣

为交领对襟，中长款蓝色或黑色布衣，衣襟边沿有红边。绣有类似龙的图案，此图案为坳瑶特有刺绣图案，图案颜色有红色、绿色、黄色、白色等，红边用密集的红色流苏作为装饰，灵动明艳。腰间用红白瑶锦作为腰带，腰带两端皆有流苏。

3. 下装

为露膝短裤和小腿腿套，腿套均由瑶锦条捆绑，瑶锦条可以绕腿 2 圈，末端都会设计红色的长流苏，走起路来灵动可爱，既可以护腿也可以作为装饰。

（二）坳瑶男性服饰色彩特点

整体以黑色为主色调，用彩色龙纹做边缘的修饰。

1. 头饰

头饰为白色或黑色长头巾，中间绣有红色为主，黄、绿色为辅的对称坳瑶龙纹，其他地方留白，围绕额头，最后在后脑勺打结固定。

2. 上衣

上衣为传统的男士黑色小立领旗袍，胸前、领口、口袋边、袖口处绣上装饰的龙纹，由白色、红色、黄色、绿色等颜色相互组合。

金秀瑶族服饰的色彩特点：第一，遵循黑色、蓝黑色为衣服的主色调。黑色百搭，基本可以衬托每一种颜色。黑色、蓝黑色是比较容易从大自然获取的颜色，通过对蓝靛草的种植，找到天然的染色剂，经济实惠，因为大多数的瑶族都要进行农业劳动生产，上山打猎，下地开荒种地，衣服容易弄脏，深色是最佳之选。第二，配色鲜亮大胆，色彩的纯度和亮度极高。第三，讲究颜色之间的对应和呼应，如上下装颜色的统一，配色之间的呼应，邻近色、互补色巧妙地运用等。

第三节　广西毛南族服饰色彩

如在广西河池地区环江毛南族自治县县城，毛南人民秉承民族传统，传承毛南族傩舞文化。毛南族傩舞服饰用色非常大胆，对比强烈而又协调，洋溢着浪漫的激情和充沛的生命力与活力。服饰色彩鲜艳明朗，毫无阴暗、晦涩之意，给人一种视觉享受和独特的审美感受。毛南锦的织锦工艺品，如被面、背带心、挂袋等，流传于广西环江一带。这些工艺品用棉线和各色丝绒线采用土机编织。图案纹样有八角花、香炉花、畦蝼花、凤凰花等。锦面图案呈几何形结构（图 4-10）。

图 4-10 毛南锦

一、傩舞服饰介绍

毛南族傩舞获批世界级非物质文化遗产，在广西河池地区环江毛南族自治县县城，毛南人民秉承民族传统，传承毛南族的傩舞文化。傩舞是在毛南族祭祀乐舞的基础上逐渐发展起来的。毛南族傩舞的服饰留存和传承方式有日常着装（比较少）、祭祀等场合的服饰盛装、表演服饰等。

在傩舞中，每个人物都有自己的颜色代表。傩舞的神韵更是将祭拜、娱人等表现得淋漓尽致。作为表演服饰的盛装在每年毛南族的盛大节日——"分龙节"上是不可或缺的服饰。傩舞服饰在分龙节傩舞祈福表演上佩戴特有的面具，极具民族特色，非常吸引人。

傩舞服饰整体造型夸张，比其他少数民族的服饰体积更大些。毛南族服饰衣身和衣袖都比较肥大，与我国传统旗袍有细微的共同点，都采用裤腿从腰部往下直接分开，衣服有很强的整体感。

二、毛南族傩舞服饰色彩

傩舞服饰作为一种礼仪服饰，在服饰审美上色彩特征鲜明，用色对比强烈，用于特定的场合。我们通过观察毛南族傩舞服饰可以发现服饰的图案、色彩在色调上的搭配统一合理。毛南族傩舞服饰色彩艳丽丰富，耀眼夺目，但又不会显得杂乱无章，一般以主色调为主，极其传神。以服饰表现出每个人物的性格特点，展示出一种色彩明快、富丽、协调的服饰色彩美，以及他们对生活的态度。每个人物间的色彩对比强烈，色彩鲜艳明朗，毫无阴暗晦涩之感，给人一种视觉享受和独特的审美感受。

毛南族傩舞服饰更以绚丽的色彩闻名于世，其艳丽、丰富的色彩让人赞不绝口。服饰用色非常大胆，对比强烈而又协调，洋溢着浪漫的激情和充沛的生命力和活力。更重要的是，在傩舞服饰色彩这个形象中表达的思想感情及不同的观念。

在毛南族中，傩舞服饰色彩大多受到民间故事的影响，用色方法世代相传沿用至今。毛南族人根据毛南族民间故事，将世代流传的图案色彩广泛应用于傩舞服饰制作中，以体现毛南族人民对美好生活的向往，祈求上天保佑毛南族人民风调雨顺，消除灾难，人畜安康与自然和谐相处的心态。

在毛南族傩舞服饰中，图腾崇拜对毛南族傩舞服饰色彩的影响意义深远。在对服饰色彩的选择上，角色的性格决定对服饰色彩的运用。毛南族人民把龙奉为神灵，每年都会进行重大的祭祀活动。最突出的活动就是分龙节，并在分龙节上穿傩舞服饰。毛南族服饰手工艺凝聚了古老民族的文化底蕴。

第四节　广西苗族服饰色彩

与洋溢着暖色调的欢快感相比较，带有冷色调的广西少数民族服饰图案色彩淡雅中不失恬静，民族文化也饱含静谧之感。苗族服饰图案一直给人以稳重的感觉，喜用黑色与不同的颜色交错组合，但需要强调的是，苗族在我国分布地域广，本民族内分不同的族系分支，不同的族系在服饰图案色彩组合上也略有差别。

一、红苗

在红色调下划分的红苗支系，服饰整体色调以红色系为主。樱桃红色色调的刺梨花纹样色彩构成为红色系的同类色。深红色和墨绿色为互补色，色彩效果是纹样线条清晰、颜色丰富多样。配色方法为大面积的红色做主色，小面积的黑色、绿色做装饰。色彩原理为黑色、粉色的间隔可更加突出纹样的主题，产生的色彩作用是线条清晰、突出主题（图4-11）。

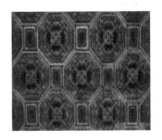

图4-11　樱桃红

暗红色色调的玫瑰花纹样的色彩构成为互补色和同类色。玫瑰花纹样配色方法为大红色为底色，粉色为纹样色彩，绿色、白色和黑色为点缀色，通过配色方法可以得到配色原理。配色原理为纹样和底色色彩统一时，色彩作用是整体色调统一；纹样用白色和黑色加强纹样轮廓，与底色进行区分，色彩作用是整体色调统一（图4-12）。

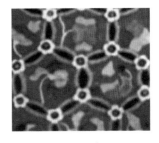

图4-12　暗红

粉红色色调的石榴纹样的色彩构成为红绿色的互补色，不同的红色系为同类色。色彩效果为纹样色彩对比强烈、视觉效果突出；富有层次感，突出主体纹样的色彩和造型。石榴纹样配色方法为红色为底色，绿色为辅色，蓝色为点缀色彩。配色原理为红色和绿色作为强烈对比色，色彩的视觉冲击力较强，在突出纹样的同时给人耳目一新的色彩感觉（图4-13）。

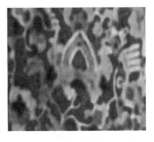

图4-13　粉红

由于汉族文化的影响，牡丹花在苗族中的运用也较为广泛。牡丹花纹样的色彩构成为通过相似色的红色进行塑造纹样。色彩效果为纹样层次突出、对比效果强烈，突出纹样的层次感。配色原理为，同类色通过明度的变化突出牡丹纹样的层次感，色彩作用为突出纹样主体。通过配色方法的总结可以得出苗族植物纹样的色彩规律（图4-14、图4-15）。

石榴红色色调的菊花纹样色彩构成为相似色和互补色。色彩效果为整体色调统一、色彩效果明显。配色方法为红色为底色，同类色红色为主体，同类色为主色，绿色为辅色。配色原理为采用对比色突出主体纹样，以同类色的变化丰富纹样的层次（图4-16）。

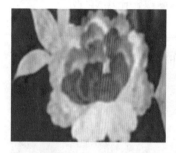

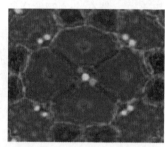

图4-14　大红　　　　　　　图4-15　朱红　　　　　　　图4-16　石榴红

橘红色色调的层叠花纹样色彩构成为红绿色的互补色、不同的红色系为同类色。色彩效果为互补色对比强烈、同类色层次感分明。配色方法为红色为底色，粉色、绿色为主色调，蓝色、黄色为点缀色。配色原理为绿色调层次分明、纹样更加清晰，互补色使纹样更加突出（图4-17）。

鲜红色色调的茎叶纹样色彩构成为相似色。色彩效果为色块面积分割明显、纹样主体突出。配色方法为大面积红色作为主色调，蓝色作为点缀色。配色原理为色调和谐，避免单调沉闷；黄色锁边，明度提高（图4-18）。

玫瑰红色色调的菊花纹样色彩构成为对比色、相似色。色彩效果为整体效果统一、色彩效果明显。配色方法为红色为底色，纹样色彩为相似色，整体色调和谐。配色原理为整体色调和谐，对比色绿色衬托主休纹样色彩（图4-19）。

梅红色色调的梅花纹样色彩构成为梅红色和浅绿色的互补色。色彩效果为色彩度比强烈、主体纹样突出。配色方法为红色为底色，淡绿色为点缀色衬托梅花纹样，整体色

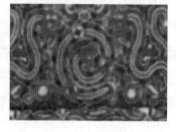

图4-17　橘红　　　　　　　图4-18　鲜红　　　　　　　图4-19　玫瑰红

调和谐。配色原理为粉色梅花纹在明度上高于底色，纹样更加突出，绿色衬托主体纹样（图4-20）。

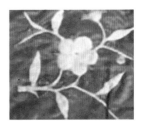

图4-20 梅红

二、青苗

在蓝色调下划分的青苗支系，服饰整体色调以蓝色系为主。钴蓝色色调的李花纹样色彩构成为相似色，色彩效果是色调统一、色彩协调。配色方法为桔梗蓝为底色，配以纯度较高的若草绿为纹样色彩（图4-21）。

深蓝色色调的荷莲花纹样色彩构成为红色系相似色、粉红色和粉绿色的对比色。色彩效果是红绿对比强烈，色阶较多，层次丰富，纹样色彩生动。色彩原理为色调对立统一，色彩对比强烈，纹样层次丰富多样（图4-22）。

群青色色调的李花纹样色彩构成为互补色、同类色。色彩效果是纹样主体突出、对比鲜明。配色方法为蓝色为主色，点缀浅绿、淡黄、紫红色，色彩原理为整体色彩深沉，与刺绣纹样的高明度色彩形成对比（图4-23）。

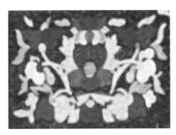
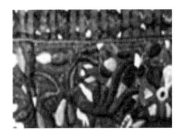

图4-21 钴蓝　　　　　　　图4-22 深蓝　　　　　　　图4-23 群青

湖蓝色色调的玫瑰花纹样色彩构成为同类色、互补色。色彩效果是纹样层次突出，对比强烈；整体色调和谐统一。配色方法为湖蓝色为底色，红色和粉色为主体色，绿色为点缀色（图4-24）。

天蓝色色调的牡丹花纹样色彩构成为互补色、同类色。色彩效果是色彩艳丽、对比强烈，突出纹样的层次感。配色方法为天蓝色为底色，红色和绿色为主色。色彩原理为蓝色为低纯度底色，红色和绿色为高纯度色彩，刺绣纹样更加突出。用互补色点缀（图4-25）。

孔雀蓝色调的莲花纹样色彩构成为互补色、相似色。色彩效果是互补色对比强烈、纹样轮廓清晰、色调和谐。配色方法为青色作底色、蓝色为主色调（图4-26）。

图4-24 湖蓝

图 4-25　天蓝

宝蓝色色调的梨花纹样色彩构成为红绿互补色。色彩效果是以红绿互补色加强纹样色彩对比，突出主体纹样。红色和白色为主色调，绿色和蓝色为点缀色。色彩原理为红色和绿色加强色彩对比，蓝白色对比明确（图 4-27）。

藏蓝色色调的莲花纹样色彩构成为对比色、同类色。色彩效果是调整整体色彩，对比强烈，视觉冲击力强。配色方法为蓝色为底色，红色和绿色为主体色，淡蓝为点缀色。色彩原理为高明度的红色和绿色使纹样对比鲜明、主体纹样更加突出（图 4-28）。

图 4-26　孔雀蓝

图 4-27　宝蓝

图 4-28　藏蓝

三、花苗

在黄色调下划分的花苗支系，服饰整体色调以黄色系为主。棕黄色色调的牡丹花纹样色彩构成为对比色。色彩效果是冷暖色调明确、色彩调性分明。配色方法为以橙黄色调为主，大面积黑色搭配丹色、柿色、赤铜色（图 4-29）。

米黄色色调的层叠花纹样色彩构成为红绿互补色，以及红色系的同类色。色彩效果是色彩对比强烈、具有地域特色。配色方法为明黄色勾勒植物结构。色彩原理为画面清晰、富于变化，色彩鲜艳，具有地域特色（图 4-30）。

中黄色色调的牡丹花纹样色彩构成为同类色。色彩效果是采用同类色对比明确，色彩对立统一；纹样富有层次感。配色方法为牡丹花卉纹样采用淡黄色和橘黄色突出纹样色彩。色彩原理为黄色系色彩对比强烈，纹样色彩生动活泼，层次分明，富有韵律（图 4-31）。

图 4-29　棕黄

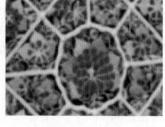

图 4-30　米黄

图 4-31　中黄

柠檬黄色色调的枫叶纹样色彩构成为红绿互补色，以及红色系的同类色。色彩效果是色彩对比强烈、视觉效果突出，注重色彩面积、大小调和。配色方法为以红绿、黄紫、蓝橙三组强烈的对比色为主，整体色调以黄色调为主。色彩原理为纹样以服装面积进行色彩填充、色彩对比鲜明（图4-32）。

橘黄色色调的李花纹样色彩构成为同类色、对比色。色彩效果是色彩对比强烈，视觉效果具有冲击力。配色方法为黑色为底色，以黄色调为主，红色和绿色为点缀色。色彩原理为黄色纹样纯度较高、具有层次感，在低明度的黑色底色中色彩更加鲜艳，对比强烈（图4-33）。

橙黄色色调的茎叶纹样色彩构成为相似色、互补色。色彩效果是纹样色彩层次分明，红绿色彩对比明确，整体色调统一。配色方法为橙黄色为底色，红绿色为点缀色，蓝色为纹样轮廓色彩（图4-34）。

  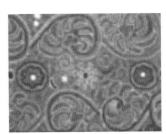

图4-32　柠檬黄　　　　　　图4-33　橘黄　　　　　　图4-34　橙黄

四、白苗

在白色调下划分的白苗支系，服饰整体色调以白色系为主。奶白色色调的牡丹花纹样色彩构成为相似色、互补色。色彩效果是色彩典雅，不失奢华感。配色方法为蓝色和白色为底色，配以浅柳色、水浅葱色等。色彩原理为白色和蓝色搭配具有典雅、清新的感觉（图4-35）。

图4-35　奶白

茶白色色调的牡丹花纹样色彩构成为同类色。色彩效果是纹样具有层次感，色彩清新淡雅。配色方法为白色为底色、蓝色为主色。色彩原理为蓝色通过同类色的变化具有层次感，与白色结合突出莲花清新、淡雅的品质（图4-36）。

纯白色色调的竹子纹样色彩构成为同类色。色彩效果是纹样层次清晰、富有韵律。配色方法为白色为底色，绿色为主色，褐色为点缀色。色彩原理为纹样以色彩的变化

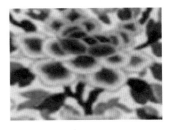

图4-36　茶白

突出虚实关系，纹样更加生动（图 4-37）。

　　珍珠白色调的李花纹样色彩构成为相似色。色彩效果是色调统一，突出主体纹样。配色方法为白色为主体色，蓝色和红色为纹样色彩，荧光粉为纹样边框色彩（图 4-38）。

　　深白色调的桃花纹样色彩构成为相似色。色彩效果是纹样色彩清新淡雅、色调和谐。色彩原理为蓝色和白色凸显纹样清新、淡雅，纹样突出（图 4-39）。

图 4-37　纯白　　　　　　图 4-38　珍珠白　　　　　　图 4-39　深白

　　浅白色调的桂花纹样色彩构成为对比色、互补色。色彩效果是对比色色彩对比强烈，纹样主体效果突出。色彩原理为黑色和白色为对比色，黑色纹样在白色底色上更加突出，红色和绿色对比强烈（图 4-40）。

　　雪白色调的果实纹样色彩构成为互补色。色彩效果是纹样色彩艳丽、对比强烈。配色方法为整体色调为白色调，纹样色彩为红色和墨绿色。色彩原理为红色和绿色色彩鲜艳，对比明确（图 4-41）。

　　米白色调的樱花纹样色彩构成为对比色、互补色。色彩效果是互补色对比强烈，纹样效果突出；对比色纹样效果明显。配色方法为白色为底色，红色为主色，黑色、绿色、黄色、紫色为点缀色（图 4-42）。

图 4-40　浅白　　　　　　图 4-41　雪白　　　　　　图 4-42　米白

第五章　广西民族服饰图案元素及特征

第一节　广西民族服饰图案

广西世居少数民族服饰图案是当地民族文化的外在形象表现，是广西民族民间美术的文化语言之一，这种赋予文化内涵的服饰图案有别于其他民族的精神面貌，展现了广西世居少数民族的鲜活个性，表达了当地少数民族人民在西南边陲地区艰苦的生存环境中，为建立理想世界，对美好生活的追求和向往。广西世居少数民族服饰图案喜用吉祥充满生机的题材，既为避凶趋吉，也为歌颂勤劳少数民族人民的优秀品质，图案创作形式洋溢着积极乐观、开朗的气氛，极富文化研究价值与审美价值。

一、纺织图案

壮族织锦图案：作为美学上特定的审美范畴，壮族织锦图案有着自己的工艺特征文化内涵和审美表现形式。广西壮族织锦图案采用通经断纬的方法，以各种彩色丝绒为纬交织而成。其工艺最大的特点是使用传统木机，又称"竹笼机"，机上设有花笼以提织花纹图案。壮锦图案工艺的传统织锦过程依赖手工，因此织锦速度很慢。现在使用的平板架子机则可以较快地编织大幅壮锦。壮族织锦图案善于以自然物为象征，长期在壮族特殊的文化中沉淀。

一方面，创造了壮族织锦图案中的雷纹、水波纹、太阳纹、云纹等几何图样，显示了其独特的审美意蕴。其中，雷纹则以菱形叠合成圆形图案；太阳纹则常以"十"为象征符号；云纹以单线由中心向外旋出，具有飘逸的自然艺术美。还有各种或形似或神似，或具象或抽象的动植物图案纹样。在织锦工艺中显示出自然物形状、色彩、质感等方面的工艺特征。

另一方面，广西壮族人民在日常生产生活中收集到的有关物质的造型、色彩、线条等创作素材在运用过程中，产生出最初对称均衡的审美意识，将这些形式规律自觉地运用到织锦中，逐步形成了一套对称均衡美的形式，而这种程式化原则使广西壮族织锦图案的审美具有对称均衡的形式美感。

二、刺绣图案

白裤瑶族绘制、刺绣图案富有审美情趣。广西白裤瑶族服饰的花纹图案最富民族特征，被学者们称为"民族服饰文化里的珍珠"。白裤瑶族服饰的刺绣图案都是精工细作，有绘制图案和绣制图案。如传统百褶裙的浆染绣花裙，是白裤瑶族人将一枝筷条般的竹片破开，夹宽形似斧口的铜片，蘸着溶化的粘膏汁，一竖、一勾、一点地精绘巧绣而成；刺绣工艺过程复杂，仅一条花裙就需要五六个月的时间才能制作完成。白裤瑶族服饰图案是白裤瑶族人民审美情趣、审美观念、审美意识的集中体现，主要的图案有米字图案、回形图案、人形图案、花形图案和鸡仔图案等。图案在构型、色彩等方面均展示出了独特的视觉审美效果。

传统白裤瑶族服饰图案艺术强调造型的对比性，包括图案中线条的粗细对比和面积形状大小对比，一般基本的图形有正方形、长方形、圆形等。色彩对比强烈是白裤瑶族服饰图案的又一重要特征，白裤瑶族服饰图案十分重视色彩的象征寓意，同时追求色彩的对比与协调，多运用黑、白色和红、黄、蓝三色，红色寓涵白裤瑶族妇女的高贵与荣耀，黄色是中国传统的皇家用色，敢于把皇家的御用颜色运用在服饰图案上，则象征白裤瑶族对于权贵的蔑视，白裤瑶族服饰图案将视觉色彩和代表寓意紧密联系在一起，深刻体现了其服饰图案的色彩象征意蕴和文化内涵，更体现出广西白裤瑶民族多视角的审美情趣。

三、蜡染图案

苗族蜡染图案：苗族蜡染艺术具有独特的地域特征和无限魅力，其蜡染工艺主要包括蓝靛泥制作、蜡液制作、画蜡、染色和脱蜡几个程序。蓝靛泥是由一种名为大青叶的植物制成，在苗族上千年流传下来的蜡染做法中，蓝靛泥制作是相当严谨的，几乎每家每户的苗族人都有种植这种植物，其别名为"板蓝根"。一般将蜜蜡加热制成的溶液画在由棉、麻、丝等织物上，进行画蜡和用蓝靛泥染色，最后将蜡染图放入沸水中脱蜡。苗族蜡染图案构图和造型则反映了苗族人民追求圆满完整的美好愿望，图案造型对称均衡，在和谐中寻求变化。苗族蜡染工艺在色彩形式方面最突出的特色就是运用蓝靛泥单色蜡染，蓝、白两色相互衬托，朴实鲜明，色调经久耐看富有层次感，色彩淳朴、雅致、简洁、别具一格，苗族蜡染所散发的素雅朴实的气质令人回味无穷。

第二节　图案纹样的寓意

广西少数民族装饰图案纹样寓意深刻。广西少数民族服饰的纹样、图案是千差万别的，但是大多装饰图案的主体都以象征美满幸福、歌颂正义为题材，将对事物的美好希望、设想与期待呈现在装饰图案的纹样中（图5-1）。

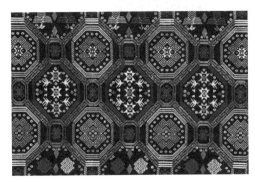

图 5-1　壮族服饰构图纹样

一、图案表达方式

广西少数民族服饰图案受到本民族审美和地域文化的影响，许多题材源于现实生活与自然界，有些图案纹样呈现较为写实的装饰手法，有些则源于当地百姓对于山外事物的想象，所以在表现形式上也适度夸张。真实的生活与外部事物想象间描绘了民族的符号以及对于美好生活的歌颂与向往，这也让服饰图案的表达方式呈现以下特点。

（一）美好的寓意

随着历史发展，祖辈们对于自然现象无法掌控，因此许多服饰图案呈现出避凶趋吉的美好寓意；比如瑶族的八角花纹（图5-2）及用圆润流畅的线条和几何的折线组合成的眼睛纹样是彝族独有的一种古老服饰图案，它对眼睛的模仿给人一种质朴、大气的视觉感觉（图5-3）。

（二）对于自然事物的喜爱

广西众多少数民族服饰图案元素源于自然界，当地人们从生活的环境中摄取灵感，

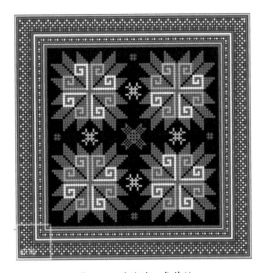

图 5-2　瑶族的八角花纹

图5-3 彝族纹样

图案纹样抒发了对于家乡的赞美和热爱。如瑶族人们愿意将生活中的美好事物放到服饰上用作图案，鸟纹、蛙纹、蜘蛛纹、蝴蝶纹、树纹这些来自自然界的题材虽然寓意不同，但整体趋势都在歌颂美好的生活；与瑶族类似，苗族的服饰图案大多以动植物为题材，鸟纹、鱼纹、蝴蝶纹等均展示了苗族人对于原始图腾的崇拜；与瑶族、苗族有所区别的是壮族喜欢将鸟兽纹等自然纹样与几何纹样进行适当的排列组合后形成图案运用在服饰上。

二、广西传统服饰手工艺下的图案表现与发展

传统的服饰手工艺赋予图案新的生命，服饰图案则需要在服饰手工艺的创造下讲述属于本民族的文化语言。同一项手工艺下不同风格的民族图案代表了不同民族的精神喜好，同一个图案下的不同手工艺技法则诠释了其多样的表现形式与艺术风格。例如，传统植物染色技艺中同样的染色材料、染色方法、染色形式对于不同民族来说，图案纹样间所要传递的民族积淀就略有不同，苗族的蜡染善用靛蓝染色，而靛蓝染色的程序和步骤在我国西南少数民族地区也不尽相同，然而苗族内部因接触环境的不同导致蜡染图案具有差异性。如花苗的蜡染花型烦琐、复杂，图案精致小巧；白苗的图案简单大气，不失稳重。在织锦手工技艺中也是如此，如壮锦的图案善用二方连续和四方连续，这样的花形既可以在几何纹样内织花也可以直接在底纹上织花，图案主次分明，具有十足的节奏感，典雅中不失严谨性；苗锦的图案则多以点、线、面的形式组合，呈现的效果丰富且自然；侗锦的图案在织造过程中仍然延续了其几何纹样与自然纹样结合的特点，需要强调的是，侗锦的黑白锦织造工艺能够使正面与反面呈现出深浅不同的色调感觉，这样的效果在众多少数民族织锦工艺中独树一帜；而瑶锦的织造图案则运用自然元素创作出几何型的图案样式，这是对自然元素的提炼与概括。

（一）广西壮族服饰图案的图腾文化

1. 太阳图腾

世界上许多民族历史上都有太阳图腾文化。壮族先民古骆越人就把太阳当作神来膜拜。在许多壮族传统服饰上，往往绣刻着太阳纹。在壮族服饰的壮锦中，太阳纹多有应用，有人甚至认为凡是壮锦中的圆形图案都是壮族太阳图腾文化的遗存（图5-4）。

2. 花图腾

壮锦作为壮族传统的手工织锦，其服饰有着非常重要的地位，花图腾就是壮族服饰壮锦中最常见的图案（图5-5）。壮锦中的花图腾图案完满丰盈，表现了壮族传统手工艺人的巧思与智慧。壮族人民生活在亚热带地区，气候较为温暖，这里常年花繁叶茂。一方面，壮族先民将美丽的花朵图案编织到服饰中，可以表达对生活的美好向往和对大自然的热爱之情；另一方面，花图案在壮锦中的大量出现，还与壮族人民的花图腾文化有关。在壮族的神话故事中，传说有一位从花朵中诞生的花婆女神，她用泥土创造了男人和女人。她送给红花的人家生女孩，送给白花的人家生男孩。这位掌管生育的女神能够帮助人们繁衍生息，因此壮族人们将她作为图腾崇拜的对象。这表达了壮家人民对子孙繁茂的祈盼，同时也体现出壮族先民古老的生殖崇拜。

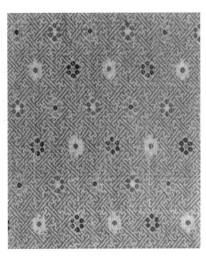

图5-4　太阳花图腾

图5-5　花图腾

3. 龙凤图腾

不仅是花图腾，龙凤图案在壮族服饰的壮锦图案中出现的同样极为频繁。与汉族将龙作为身份的象征不同，壮族先民创造龙的形象，是将其作为一种吉祥的化身。壮族先民经常在水中渔猎，于是在自己身上、服饰上纹绣龙纹，目的是让龙认为渔猎的人是其同类，从而得到保护。而古骆越人有着鸟的崇拜，壮族民间流传着"百鸟衣"的传说，壮族凤图腾形象就是借鉴了鸟和鸡的形象。同时，壮锦中龙和凤的形象与汉族传统龙凤图腾造型也有很大不同，壮锦图案中龙凤的形象，夸张概括、鲜明简洁，其形象充满着壮民族的大方和质朴，具有壮民族特色，而又别具一格（图5-6）。

（二）广西瑶族服饰图案的图腾文化

瑶族妇女善于刺绣，无论男女，在服饰的衣襟、袖口乃至裤脚边都绣有图案花纹，色彩斑斓。瑶族以盘瓠（神犬）为图腾，瑶族人民认为自己是盘瓠的子民。因此，五色犬盘瓠的形象与瑶族服饰图案艺术密不可分。瑶族人民服饰上的挑花刺绣图案即

图5-6　对凤花纹壮锦

图 5-7　瑶王印纹样

瑶族盘瓠图腾文化的反映，其服饰上刺绣五彩纹样是纪念盘瓠图腾的一种形式，而他们胸前佩戴的各色琳琅美观的银牌，则具有日月崇拜和生殖图腾崇拜的特征。瑶族对瑶王盘瓠的崇拜深入民族血液，那方被夺走的瑶王印，他们将其绣在衣背上、背带上，是铭记耻辱，更是激励民族奋发！服饰是民族信仰的外化，观其衣，便能懂其心（图 5-7）。

（三）广西苗族服饰图案的图腾文化

广西苗族的传统服饰图案充满神秘感与美感，设计精巧，主要有鸟、蝴蝶、鱼、鸡、牛、龙等图腾意象，表现出广西苗族人民对祖先及民族起源的崇拜与敬仰，也蕴含种族繁衍的生殖意义。

1. 蝴蝶意象文化内涵

蝴蝶在苗族传统服饰中随处可见，经过苗族民间手工艺人的设计创作后，在服饰上呈现出各种形态。如在广西融水一带的苗族服饰中，蝴蝶图案的造型就多达几十种。蝴蝶图案一般与枫树图案同时出现，苗族人认为枫树是万物之源，而蝴蝶是苗族的始祖之一，蝴蝶伴随枫树而生，表现出广西苗族人民对生命和美好生活的向往与赞美。

2. 鱼意象文化内涵

鱼图案在苗族传统服饰图案中常以交鱼纹图案的形式出现，这些鱼纹造型丰富，多龙头鱼身、鸟头鱼身、人首鱼身，甚至用鱼身做花瓣，蕴含了苗族人对民族人丁兴旺的向往与祝福，是苗族强大生命力的象征。

3. 鸟、龙意象文化内涵

在苗族的文化传统中，鸟图腾是雄性生殖器的象征，龙图腾则代表了雌性生殖器。苗族是由远古中原民族迁徙至南方形成的，龙、鸟作为远古中原民族繁衍、生殖的崇拜物自然也为苗民所崇拜。苗族服饰图案中的龙、鸟纹样，表现出苗族人民对祖先以及对生殖的崇拜，展现出苗族服饰图案丰厚、悠久的历史文化和审美价值。

三、广西传统壮锦纹样的文化表达

壮族人民一般生活在山区，在众山的环抱中，壮族与大自然亲密接触，与神灵相通。在族群千年的生活中，壮族具有丰富的创作灵感和源源不断的生活素材，因此，壮族服装的纹饰大多取材于壮族的图腾崇拜和日常生活。

（一）广西传统壮锦纹样的文化内涵

1. 民族信仰的映射

广西壮族人民创造民族文化的同时形成了自身的民族信仰，在壮锦纹样上的映射主要体现为民族认同与自然崇拜。壮族先民身处的自然环境决定了他们的生产方式。在长期的历史发展过程中，壮族形成了独特的物质文化与精神文化。壮锦图案所呈现的姆洛甲老祖母的传说、布洛陀传说，以及以花山岩画、歌圩与铜鼓场景为题材的图案均在一定程度上体现了其民族认同感。壮族人民的图腾崇拜源于对大自然的未知，与其稻作文化息息相关。在原始社会，许多自然现象无法用科学的方法解释，所以人们常认为"万物有灵"，热爱并敬畏大自然。壮锦的中心放射状纹样源于壮族先民对太阳神的膜拜，水波纹、云雷纹、井字纹则体现了对水的崇拜，寄托了壮族人民对风调雨顺、生产丰收的美好期盼。

2. 审美意识的体现

审美意识是人们对审美对象的能动反映，壮族人民发现美并创造美，通过壮锦图案传递给更多观赏者美的享受。壮锦产生之初，其审美功能便已经与实用功能相伴，但实用功能大于审美功能。随着壮锦装饰性的增强及人们生活方式的变化，其审美功能逐渐增强并占据主导地位。南宋地理学家周去非的著作《岭外代答》中"白质方纹，广幅大缕，似中都之线罗，而佳丽厚重，诚南方之上服也"是最早关于壮锦的文献记载，体现了早期壮锦"白底""方格纹图案"和"厚重"的基本特征。至明清时，随着织作工艺的进步，壮锦的图案日益多样，形成了自身鲜明的艺术特点，不仅作为日用品以供日常使用，也作为装饰品陈列欣赏。经过近两千年的发展，一代代织锦人将不同时期的人文风貌、自然风光融入图案的设计中，创造出基于传统且极富时代气息的壮锦工艺品，具有极高的艺术审美水平。

3. 伦理规范的传承

壮锦图案对伦理规范的作用主要体现在敬老、爱老与男女社会分工两个方面，织锦人将自身对社会规制的理解蕴藏在图案中，经过历代子孙的口传心授进行传承。传统壮锦图案中的万寿花纹、福禄寿喜纹以及葫芦、仙桃等象征长寿的图案形象，反映了壮族人民希望长辈延年益寿的美好祝愿。许多龙凤呈祥图案多呈龙上凤下、龙大凤小，体现了传统观念中男尊女卑的意识形态。随着女性社会地位的提高，出现了许多女性形象占据主导地位的图案，如以刘三姐与阿牛哥等男女对山歌为主题的图案，宣扬女性独立与男女平等。

（二）广西传统壮锦纹样的题材

传统壮锦纹样题材丰富，花鸟虫鱼、山水景观、民族风情等均成了织锦人的创作源泉。根据灵感来源的不同，笔者将壮锦纹样分为几何纹样、字形纹样、动物纹样、植物纹样和人物纹样。

1. 几何纹样

几何纹样是壮锦纹样中最常见、最基本、最抽象的纹样。壮锦通经断纬的织造工艺使长短不同的线段直角交织形成方格纹样，在此基础上发展出十字纹、工字纹、万字纹、云雷纹以及具有一定倾斜角度交织形成的三角形纹样，菱形纹样、同心圆纹样也自然而然地产生。这些简单的线形通过组合、连接与叠加，使图案得到了无限的延展，赋予了壮锦图案独特的秩序美感。

2. 字形纹样

字形纹样是指直接使用文字作为织作图案的纹样种类，最常见的字形纹样有表达延年益寿的寿字纹、表达恭贺新禧的喜字纹以及表达福与天齐的福字纹。汉字源远流长的发展历程使字形本身极富多样性，织锦人在此基础上进行二次设计，使字形纹样的艺术性提高、装饰感增强。

3. 动物纹样

壮锦中的动物纹样种类繁多，与壮族人民的自然崇拜、图腾崇拜有着直接联系。凤凰作为吉祥之物被人们敬仰和爱戴，壮族民间有俗语"十件壮锦九件凤，活似凤从锦中出"。除此之外，龙纹、鱼纹、鸡纹、蛙纹、蝴蝶纹等也较为多见，表达富贵、美满、多子的寓意。

4. 植物纹样

岭南常年四季如春，雨水丰富，为植被的生长创造了良好的条件。壮族人民尊敬自然，热爱种植，因此，植物成了壮锦纹样不可或缺的重要主题。常见的植物纹样有象征年丰时稔的稻穗纹、象征延年益寿的菊花纹、象征多子多福的石榴花纹和象征富贵吉祥的牡丹花纹等，造型大方，配色鲜艳，散发着蓬勃的生命力。

5. 人物纹样

人物形象同样是壮锦纹样的重要题材，从羽人纹、蛙人纹到刘三姐纹样，经历了概括至翔实的演变过程。羽人纹是壮锦中最早出现的人物纹样，体现了壮族先民的占卜习俗。蛙人纹是人体四肢呈青蛙姿态的纹样，多见于以花山岩画为主题的图案。刘三姐纹样则是以刘三姐形象与对山歌男女形象为原型创作的纹样，体现了壮族源远流长的山歌文化。

（三）广西传统壮锦纹样的艺术特征

1. 壮锦纹样的图形设计

壮锦纹样在图形设计方面的特点主要包括两个方面。一是高度的提炼概括。受工艺技法的限制，壮锦图案以经纬每一交叉点为基本单元，形成点状的色块，点的横向纵向叠加形成横线竖线，斜向叠加则形成方折线而非圆滑的曲线。因此，壮锦图案中许多动物纹样、植物纹样均自然地被归纳为几何折线造型，与当代的马赛克风格、像素风格类似，形成简洁且充满趣味性的抽象美（图5-8）。

二是灵活的组合重构。壮锦中的许多纹样是多元素共同组合形成的结果，在组合过程中，各元素的原型被打散、分解，将各自最具代表性的局部提取出来并重新结合成新的形象，如凤纹是鸡形象与鸟形象的结合（图5-9），狮子纹是虎形象与犬形象的结合（图5-10）等。这样提炼重组的形式使图案源于生活并高于生活，耐人寻味。

图5-8　壮锦被面中的彩蝶纹和菊花纹

图5-9　凤纹

图5-10　狮子纹

2. 壮锦纹样的结构设计

几何纹为所有构图形式的基础，既可作为装饰，又可作为骨架。壮锦纹样的构图形式多样，常见三种基本形式。最为简单的一种形式为几何纹的大面积平铺（图5-11）。其次是以平铺的几何纹为底，在上方增加装饰性图案，更富层次感（图5-12）。再者是由几何纹构成各式骨架，在骨架之间填充其他装饰纹样（图5-13）。

图5-11　平铺形式的万字纹

图 5-12　几何纹为底的凤蝶纹

图 5-13　几何纹为骨架的花树鸟纹

图 5-14　壮锦背包

在以上三种基本形式中，前两者的几何纹以装饰的形式呈现，在第三种形式中，几何纹则充当骨架，支撑整个纹样。织物的形状决定图案的构图和组合形式，在限定形状内满足构图的饱满大方、繁重有序。织物本身的形状对壮锦纹样的构图有很大程度的影响，例如背带、包带以及花边等长条状织物多以二方连续的排列方式，向相对的方向不断延伸形成带状的图案；被面、衣服前后片、方巾等幅面宽的织物则多以四方连续、镜像对称、中心放射的排列方式形成大面积的块状图案。构图形式随织物形状灵活设计，使壮锦图案达到装饰性与实用性并存的效果（图 5-14）。

3. 壮锦纹样的色彩构成

壮锦纹样的色彩是织锦人对自然色彩大胆、概括、夸张的表达，其特点主要包括以下两个方面。

一是图案设色不受物体固有色的限制。壮族纹样的色彩源于大自然，但更多源于织锦人的内心。他们一方面将自然物的固有色提亮、提纯，提高色彩饱和度，使纹样呈现出的色彩更加光鲜艳丽；另一方面则根据主观需要和感受对色彩进行概括、取舍和归纳，并重新进行色彩搭配，突出观赏性。设色大胆新奇的凤纹样、鸡纹样，给人焕然一新的视觉效果，更加耐人寻味（图 5-15、图 5-16）。

图 5-15　不同配色的凤纹样

图 5-16　不同配色的鸡纹样

　　二是图案善用互补色与对比色，各个颜色之间相互独立，不渐变、不包边。壮锦手艺人间有"红配绿，看不俗"的俗语，可见他们对红绿互补色搭配的热爱。传统壮锦所用的丝线和棉线广泛使用草木染，茜草染红，栀子染黄，蓝靛染蓝，三者本身便是对比色，在此基础上调和间色。除此之外，以枫叶染黑，调和明度上的深浅。受工艺的限制，每一经纬交叉处只能有一种颜色，不像蜀锦采用"活色"和"晕裥"工艺产生渐变色，也没有云锦的"片金绞边"，因此，壮锦图案的各个色块之间相互独立，对比分明，壮丽而又古朴大方。

第六章 广西民族服饰款式及造型

第一节 广西民族服饰的形制

一、壮族服饰形制

从宋代起，壮族服饰已形成自身民族的共同特征，古籍记载颇翔实。宋代，壮族装束特征是穿青花斑布衣，部分人不再承袭其先民"跣足"，开始穿"木屐"。明代，壮族仍喜用蜡染花斑布为衣，服饰追求华美，男人和妇女一样穿花衣、短裙，用染色绒线绣花于衣领、袖子上。当时有一种流行的绣花衫叫"黎桶"，腰前后两幅，掩不及膝，有先民贯头衣之遗风。到了清代，服装款式变化较大，并呈现出鲜明的地域风格。

清代中期以前，壮族男装上衣一般多为交领或圆领右衽大襟衣，后渐改为以对襟短衣为主。如龙胜壮族男装在清代中后期以前还是传统的偏右侧开襟的大襟衣，到了清末民初渐改为小襟。德保壮族男装清初尚有无领左衽衣，清末则改为对襟短衣。宜北（今环江）壮族男装在清代以前上衣样式是琵琶襟（襟沿的上端开在右胸前，下端转折于正中）短衣。清光绪末年，游勇进入宜北，有一部分人效仿游勇所穿样式——大襟右衽短衣（襟沿和纽扣均在右腋下），后逐渐改为对襟短衣，随襟式改变带来扣、袋的变化。如上林壮族男装在清代中期改长衫为小襟短衣，无扣，用绳系襟，清末渐改绳系为布扣或铜扣，增加 3~4 个口袋；崇左壮族中青年男装改为对襟布扣四口袋。各地款式有局部差异，如同是右衽大襟衣，隆林衣长以盖过裤带 2 寸为度，袖宽七八寸，长至手心，穿时袖口反卷一层；都安老年装为长衣，长过膝盖，平领阔袖，无口袋，用黑布绳边，扎黑布腰带，冬装为右衽大襟长袍。同是对襟衣，隆安为长衣，大新、天等为宽身阔袖中长衣，宁明、那坡、河池、宜山等地为短衣；从衣领看，天等为圆领，百色、那坡为平领（或无领），大新圆领、无领（平领）兼有之；从扣子看，上林用 5~7 颗布扣或铜扣，百色用 7~9 对布扣，扶绥及上林用 8~10 对布扣。同是大裤腰头宽裤腿长裤，上林宽尺余，镶两条色布边；河池裤裆无前后之分，裤头比腰围宽 8 寸至 1 尺，穿时裤头折褶系带，裤带用特粗线织成的布带串上铜钱制成；都安的男裤与河池同，但裤带不用布带而用布条。

总的来说，清代壮族男装经变化后基本定制，一般为右衽大襟或对襟上衣配大裤腰头宽裆宽筒长裤，衣裤极少装饰。扎布腰带，包扎头巾，或以布带盘缠，或以布巾包扎。发型多是"椎髻"于头顶或后脑处。也有随清朝发式，前额剃光，余发编辫两条，一条盘于头上，另一条垂于脑后。个别地方戴帽，如天等男子戴的鸡罩帽，用一块长方形布缝合而成，上端打折，顶开直径约1寸的圆孔，形若鸡罩。佩饰不一，有的"贯耳"——戴耳环，有的富者颈挂大银圈，有的脚戴足镯。银饰品、五色线、古铜钱等则是展示经济实力的新兴佩饰，还有竹笠、伞、钢刀、牛角烟荷包、挂包等，既是生活用品，又是装饰品，亦列入佩饰系列，出入必佩戴。如天峨、龙胜壮族男子，特别是很多参加大刀会的人常佩五寸刀。隆林壮族男子随身佩七八寸小刀，插入木或皮制刀鞘中，还有特别的饰物——猪腰形绣花荷包，串进裤带，垂于肚脐下，是情人送的信物。龙胜壮族男子裤带上挂一竹制烟斗及木雕烟盒。龙胜、大新等地男子还常佩斗笠、油帽为饰。

壮族女装一般为上穿右衽大襟或开胸对襟滚阑干花边上衣，下穿宽裆宽腿筒滚阑干边长裤或百褶裙、长裙、短裙，外加围裙，包扎各式头巾，喜戴耳环、手镯。各地着装风格多样，地域差异性大，主要款式有上衣下裤式，上衣下裙式，上衣下裤、裙式。

（一）上衣下裤装式分布在广西大部分壮族地区

裤子样式基本相同，为大裤头宽裆宽腿筒。裤脚尺余宽，一般用色布镶两道阑干在离裤脚数寸处，龙胜壮族在裤膝盖处也镶一窄一宽两道阑干，与裤脚阑干相对应。裤头一般另接不同色的布。如东兰女裤裤管黑色，裤头必用白色布；裤管蓝色，裤头必用花色布，个别用白色布。

上衣下裤装式的一种上衣款式是右衽大襟，各地大同小异，异则呈现地域风格。同是右衽大襟大衣，崇左有短领、圆领，衣襟镶花边，多为阔袖。宁明则为短衣窄袖，配不及膝短裤。居深山的"山弄人"上衣极短，以及脐为度。龙州右衽大襟衣女装有几种风格：金龙镇的民建、新兴、光满、武联村以及逐卜乡牌宗村的多数屯，上衣短到露肚脐；金龙镇与越南接壤的村屯，上衣长至脚踝，类似长袍，腰间扎宽幅布腰带，衣身不加装饰；响水、逐卜及金龙镇敢赛村等地，上衣不加任何装饰；霞秀、上降、八角、彬桥、水口、武德、上龙、上金等地则加装饰，若为蓝色面料，从前领口向右腋开襟处加缝3~6寸长的黑布大边，若为黑色面料，则在同一地方缝同样尺寸的蓝布大边。东兰衣领很低，近乎无领，用布条锁边，衣身几乎无装饰，若有，则在袖口、襟边处镶细阑干。都安衣领亦为平领，与东兰接近，但以阔袖和绣花绲边区别于东兰。南丹亦绣花绲边，但袖口不如都安的阔大，且尚黑、蓝二色，不像都安有花色。西林、靖西开襟处都镶宽边，靖西镶边很宽，扩至肩头，蓝布衣用黑布拼肩和镶边，近乎肩头至开襟处与衣身分别用两种色布拼缝；西林镶边则用另色布嵌大边，再镶两道细阑干，像是以线条勾勒开襟轮廓。衣袖可见两套，外袖短而宽，袖口镶大边，用另色布和花锦边交替接镶，内袖窄而小，袖口亦镶边。百色女上衣长及膝，镶阑干花边，无扣，在右腋下用红绿线系结，余线长尺余，缀成流苏。平果、巴马、东兰、贵港上衣不镶花边，而贺州市南乡在大襟边、袖口镶数重边。有的地方右衽大襟衣镶阑干有规矩，如天峨县白定乡小孩和老人的衣不镶阑干，未婚女子的衣镶数条阑干在衣领处，婚后才在衣袖上镶阑干，中年人衣裤多镶各色阑干。此外，下地劳动穿的裤镶阑干，居家和外出穿的裤不镶阑干，此习俗和布依族相似。

上衣下裤装式的另一种上衣款式是开胸对襟，广西北部、南部分别以龙胜和隆安为代表。龙胜开胸对襟衣为套装，以浅蓝、深蓝色基调的圆领花短衫作为衬内，外套是一件无领对襟上衣。胸前只钉两对布纽扣。面料多为白色，穿时若敞开外套，露出蓝底白花内衣，内外衬托，十分秀气。有的衣袖镶边，一般用与内衣或头巾相同或相近的花边贴边。头巾多为白底红花或白底蓝花、蓝底白花，与外套、内衣相配为同一淡色调，使上身格调协调，呈现清秀淡雅的风格。青年妇女衣服绣花，镶红、绿、蓝、白、黑色花边阑干，多用红色调花头巾，淡雅清秀中增添一点俏丽俊美。中老年妇女外套为纯黑色，衣身一般不绣花、不镶边。男女头巾为黑色，整套装束显得沉稳庄重。冬季衣服一般换上暖色调。隆安的对襟上衣较短，袖口较宽，襟、袖镶五色布条。

（二）上衣下裙式女装大多加配围裙

桂西一带的围裙是满襟式大围裙，围裙头用绳带挂系于脖子，腰部左右两端也有绳带扎于腰后，围裙盖满前身或胸部以下，呈上部梯形、下部长方形。有的裙边绣花或镶花边，有的在围裙上部梯形部分镶壮锦，穿着时好像胸口堆满锦绣；有的围裙缘边镶边，中间绣花。柳江、郁江一带围裙为半襟式短围裙，多为正方形，四周镶花边或绣花系于腰间，遮挡腹部。隆安、天等的围裙很长，从腰部长至与裤脚齐平。天等围裙两端的带子也很长，除系围裙外，还留出约2尺长作飘带，将围裙脚两角分别往裙头两边一插，围裙就变成布袋，可装东西。远行时，将围裙脱下，叠成四层，盖在头顶，可遮阳。桂平青年女子的围裙装饰花纹图案，中老年妇女的围裙为素色，不装饰。

上衣下裙装式上衣有对襟，也有右衽，着装有短衣长裙，也有长衣短裙。在清代，分布在贺县（今贺州市）、兴安、马平、庆远府一带的多是对襟短衣配细褶长裙。上身内衬花锦兜（或内衣），外穿对襟短衣。衣有圆领（无领）全开胸和直领半开胸两种。直领半开胸有古装贯头衣的特征，将贯头式圆领改为直领，开至半胸，形成"凹"状，衣袖、衣身比贯头衣宽大。下身为细褶长裙，长至脚面。衣袖、衣领、衣边、裙边均镶或绣1寸左右宽的花边，有的袖口花边有三四道。该款式上短下长，长裙曳地，婀娜飘逸。

分布在桂南、桂西及桂中一些地方的常服多是右衽大襟衣配长裙，着装风格多样。大新女装春夏季多为白衣黑裙，秋冬季为黑衣黑裙。衣为紧身短衣，圆领，袖口、衣领和衣底边或用红绿丝线绣边，或不加装饰，风格较素净。板介地区一带女装上衣紧身，长至腰间，袖长6寸，下身裙子裁成扇形，不缝合，穿时用裙头两端的长带子系于腰后，然后把左边裙底插到右腰间，右边裙底插到左腰间，在腰后形成交叉的裙幅。

天等女上衣紧身窄袖，长至肚脐，仅能遮盖腰部裙头；衣领极矮，露出颈部、后颈窝领口至右腋下的襟边，袖口镶大边；下身百褶裙，长至脚踝；上短下长，亭亭玉立。天等爱乐、天南一带裙子款式新颖，解开裙子是一幅方块布，围起来左右端分别绕至两腿中央，裙子接头端在前身正面的两腿中心处各绣一条垂直对称的大花边，在后身臀部处打几个褶皱，臀部之下的裙脚边卷起1寸左右，两边缝几针，形成后裙脚弓形翘起状，着装后从前面看是桶裙，从背后看是褶裙。上身短衣窄袖，下身裙长刚过膝，衣裙贴身，充分显示身体曲线。

百色的装束为右衽无领无扣短衣配细褶筒式长裙，洗练利索。而隆林的装束较为复杂，隆林革步一带，者浪、者保、扁牙一带，上衣分为内衣、外衣，内衣袖窄而长，外衣袖宽而短，穿时显露内衣、外衣两层衣袖，每件衣袖各用蓝布镶3道边。衣领有圆形、无领。胸上部用3条1寸宽蓝布条按左弯至右下腋镶上，右下侧衣襟边装饰2朵各用3颗银铃组成的银花图案。马山亦常见短衣长裙式，裙幅极宽而褶极细。

（三）上衣下裤、裙装式主要特征是下穿长裤配穿裙

一款为袍裙、裤两大件，如防城女装，右衽阔袖长衣裙，束宽幅腰带，类如北方袍装；内穿长裤，新婚妇女衣裤脚镶红布阑干。而更普遍的款式是三大件：衣、裤、裙配套穿，从衣至裙、裤，层次分明，俗称"三层楼"。分布在桂西至桂西北一带的多是右衽大襟衣配宽腿筒长裤，裤外加百褶裙。着装风格也有地域差异。如那坡的右衽大襟衣，或长至膝盖略上一点，或短至肚脐，刚好接裙头，下摆左右两侧开衩，两边衣角上收，衣底边呈弧形。袖口、襟边用浅色布绲边，中青年装绲边尚素色，蓝衣捆黑边，黑衣绲蓝边。边细如一道线，勾勒衣底和开襟处。下身为宽筒长裤，裤外加短裙，裙脚绲3条边，裙头用浅色布，穿时由前向后系，不像一般裙子呈圆体，而是前后均呈倒三角形，走路时将裙摆掖在腰背带里。全身装束为同一色，多为黑色，人称"黑衣壮"。河池、宜

山、都安一带大多为上衣下裤装，亦有部分衣、裤、裙装，其上衣多为大袖，袖口镶四五寸宽的色布，裙子多为蓝靛染的蓝布百褶短裙，亦有部分右衽小袖短衣配细褶长裙装束，行路时将裙摆挽系于腰间。有的衣、裙绣花边，总体上较为朴素。罗城女裙多为夹裙，裙作细褶，厚累五六层，重数斤。

"三层楼"装式另一系列是交领上衣配裤、裙。着装有两种风格：一是宽松型，宽衣阔袖，交领幅度大，领口处露出内衬的花锦兜（或交领内衣），下身百褶长裙，头顶结髻并扎巾带，腰间束带。分布在清代太平府、思恩府等地。二是上紧下宽型，上衣为紧身交领短衣，交领幅度小，不露内衣，交领大襟向右斜盖住小襟，呈右衽，在右腋下衣襟边缝带子系上。便装的白衣、蓝衣后颈衣边绣一道约3分宽的花边，直绕到颈前，外襟镶一道白布或蓝布边，宽3分，若是白布镶边，再绣一道花边，长约8寸，宽3分，形成两道边饰，衣底用浅色布绲边，衣两边开衩，三四寸高，易于掀起衣襟哺乳和扇凉。长辈妇女衣短仅至腰间，可盖裙头及裤头。下身为宽腿筒长裤，长到脚踝。长裤外罩一条百褶裙，裙长至膝盖，褶极细密，式样颇似苗族百褶裙，正面看呈扇形，散开时很宽大，裙头用白布，褶宽约3寸，白布边又镶上一道宽约3寸的红布或蓝布，离裙脚约1寸处，镶有方格花纹图案的织锦。裙头两端不缝合，接上长短两条绣花带子，带端缀穗，系裙时由前身围向后身，两条短带垂在腰后，另两条长带则绕回前身系紧并垂于两腿前。行走时将裙挽起系于腰带上，头顶上用头巾叠成方块盖住发顶，或包扎头巾。这是隆林沙梨、委乐一带的壮族女装，风格朴实浑厚。

尽管壮族女装款式多样，但有些地方只用一种款式，如扶绥、隆安、来宾、象州、金秀、鹿寨、武宣等不少地方为裤装式，来宾农村几乎不穿裙；有些地方以一种款式为主，兼有他类，如交领衣和右衽大襟衣兼用、裤装与裙装兼用等。款式随时代变迁而有所变化，如清代以前多穿交领、对襟式衣，清中期以后，上衣逐渐变为以右衽大襟式为主，又如清代罗城女装为裙装式，后来逐渐演变为裤装式，裙装式逐渐少见。

宋、元、明、清时壮族妇女着装喜佩饰。上林、河池等一些地方仍沿袭旧俗，衣角间用鹅毛、羽毛为饰；宣化（今南宁、邕宁）、横县等地喜用唐宋古铜钱缀于裙边，叮当有声；大多数地方喜用五色绒缀饰襟、裤、裙幅间，庆远府一带出远门装束多在腰间束花巾；崇左等地则在衣袖、襟上别银针以辟邪。佩饰最贵重的是银佩品，各地均喜用，主要有银簪（钗）、银耳环、银颈圈、银戒指、银镯等。戴银耳环始见于宋代以后的史籍。富贵人家妇女常戴银质大颈圈、足镯。龙胜佩饰有人生阶段区别，女孩生下两三岁即穿耳，戴小圈铜环，青年时改换戴大环，出嫁时戴两个大环，下垂银链；青年时代始配颈圈、手镯，一般节日、送亲、作客时戴2~3个颈圈，富者戴9个，还佩银链、胸排，插银簪，重达数斤。除银饰外，还有玉石、铜、锑佩饰，如隆林贫家妇女常戴锑嵌石耳环。桂北的兴安、永福喜用络珠饰发髻、抹额，临桂以木梳绾髻为饰，三江喜插花于发，罗城喜在髻上加网罩，桂西南一带喜佩斗笠为饰，那坡、大新、河池等地还喜披垫肩，马山妇女行路时常以一幅青布卷于发上。

　　头巾是壮族妇女服饰常用佩件，如扶绥壮族妇女四季包头巾；隆林的头巾颜色与衣、裤、裙相配套，有劳动、居家和盛装之分，在不同场合戴不同色的头巾，常年包头巾，很少露发髻。包头巾的方法多种多样。宁明县城15里以内的"村人"仅以一方黑巾置于头顶，居住深山的"山弄人"则将黑巾包头在后脑打结并留出线穗。隆安青年用白头巾，老年用黑头巾，劳动时包长条头巾，仅露出鼻子、眼睛。大新青年多用花头巾并留出刘海，中年多用白头巾，将头发全包满后让头巾两端线穗垂于左右耳旁；大新下雷一带头巾白质黑章，包头呈螺髻状。龙州中青年用黄、青、红等色头巾将发束包裹起来盘在头顶，同一屯的同龄女青年喜用同一花色头巾，极少有杂色；年老人用黑或白色约2指宽、2尺长的布带子头巾，从后脑往前一卷，围住发髻，巾端吊一枚铜钱，悬于发髻处。防城已婚妇女才缠长条头巾。隆林、田林、西林一带男女冬夏皆包头，且多用彩色绣花、织锦头巾，史籍记为尺帛、花巾、锦巾、彩帛、绣帕等。女子或结髻插花簪凤钗，再以彩帛约束发髻，或绾双髻，再盖上绣帕。隆林劳动、居家包白头巾，将头巾折成两三层，绕在头上，在前额交叉；盛装包6尺长的黑头巾，包扎时在左耳处留出一截巾端3寸长的线穗。都安、大化一带喜用杂色或白底花边头巾，未婚的将头巾叠成三四层如手帕般大小的方块盖在头上，已婚的则包头打结。东兰也有两种包扎法，一是折成条带缠绕箍头，二是全包头部，左右结扎呈两个尖角状。凤山长洲、砦牙一带未婚少女包纯白色头巾，中端织3条1厘米长的五彩线穗，缀白色络缨丝坠，包成羊角形；已婚少妇包白底蓝纹方格巾，两端缀黑白混杂丝坠，包成盘碟形；老年人包纯蓝或纯黑头巾，两端无络缨，包成桶箍形。天峨白定乡未婚的披头散发，或将发由右而左盘绕，再包纯白头巾；已婚的结髻，或将长发由左向右盘绕，再包头巾。环江、宜州一带已婚的用两三尺长黑布折成3寸宽的布带包头，并在右耳露出一两寸巾端，形如独角。龙胜头饰有年龄区别，老年妇女留长发，不结髻，将头发翻过额头打一个旋转，扎上约4尺长的黑布头巾。青年女子无论婚否，均在头中心部留发，四周剪发，也不结髻，将长发翻过额头用白头巾包扎，在发面上插一把银梳。女童剃光头，戴上外婆送的银帽，长大后则留发，由短至长，到青年时期改为青年发饰。武宣、象州、柳江等地未婚的戴不封顶、四周饰珠的黑、蓝、青色箍头帽，中年人扎白头巾，老年人包黑头巾。德保青年人包花头巾，老年人包黑头巾。

二、白裤瑶服饰形制

"十里不同风，百里不同俗"，人类与自然的联系是紧密的，一方面自然向人类提供生产生活资料，另一方面不同区域的自然环境也在无形中限制、影响该区域人类的生活，使不同区域内的民族形成了风格各异的习惯与习俗，在民族服饰表现上同样显示出对自然环境强烈的适应性与选择性。客观来说，是自然选择了服饰样貌，特定地域的自然地理环境左右了与之相适应的服饰形制表现，尤其是在自然条件恶劣、物资贫乏的区域和生产力、生产水平不发达的时期，造物者首先想到的是功能，一切从功用性、环境的适应性出发才能得以世代传承，犹如生物学家达尔文的"生物进化"理论所揭示的道理：自然选择了生命力更为顽强的物种，同样的道理，自然选择了更适应环境、更为实用的服饰。

民族服饰自始至终是人类为了适应自然环境、生存发展而产生，进而演变形成民族人认可的样貌，绝大多数代代传承下来的民族传统服饰都体现出实用性的价值。一方水土，养一方人，孕育一方文化。白裤瑶服饰所承载的文化是该民族区域范围内长期生存活动中不断积累总结而形成的有别于其他民族的独特文化，是白裤瑶地区生态、民俗、传统、习惯等方面的文明表现，传承至今具有代表性的文化传统，其民族烙印与独特性为外界所识别并产生一定的影响力。

（一）适应山地丛林生活的服装形制结构表现

白裤瑶族作为闻名遐迩的山居民族，过去过着"食尽一山，则移一山"的游耕生活，最终定居与世隔绝、荒芜的大石山中，物质匮乏、孤立无援。恶劣的自然条件加上粗放式的农耕经济，使其必须依靠采集与狩猎来补充生活所需。既来之，则安之，白裤瑶人并没有畏惧自然，而是主动改造自然，在与自然环境搏斗的艰难生活中，白裤瑶人顽强地生存了下来。身着民族服饰的白裤瑶男女在山坡上攀爬，在丛林里奔跑，终日在大山里劳作，创造了神秘而又灿烂的白裤瑶民族文化，其中，他们的服饰显示出对自然环境强烈的适应性。白裤瑶男子大裆白裤加绑腿，女子百褶裙加绑腿，是山居环境下民族创造的民族服饰结构特色；此外，白裤瑶男女服饰既敞露又厚实的矛盾，与桂西北石山地区所处云贵高原和华南平原过渡带形成的气候有关，过渡带的气温使得白裤瑶山地既具有高原气候，又具有南方平原低海拔气候。气候的冷热矛盾，也体现在服饰的形制上。

白裤瑶独特的服饰结构体系所体现的功能性与适应性为白裤瑶族群在贫瘠的大山中求生存、谋发展提供了条件与保障。

（二）顺势而为的结构设计理念

现代服装在设计过程中，根据设计目的对面料进行理想化裁剪与处理，为得到一块裁片而浪费一大块面料的例子数不胜数。而在我国传统敬物、惜物思想中，尽可能保持造物的完整，以不破坏织物原始状态的初衷实现物与物之间的完美转化，通过少量剪裁，甚至不裁剪以实现服饰构成，充满了对物的崇拜和珍惜。

传统的白裤瑶服饰分男装和女装、节日盛装和便装，服饰图案以鸡仔花为主要，体现出白裤瑶人民对鸡的崇拜。

白裤瑶妇女盛装分冬、夏两种，夏装更为精美。上衣俗称"褂衣"，前后衣片用两块布料缝合而成，无领无袖，仅肩部相连，在造型上保留人类服饰早期"贯头衣"的形制，背后绣有瑶王印，因此，白裤瑶又被称为"两片瑶"。下衣为蓝色蜡染及膝百褶裙，裙摆以红色花边为装饰（图6-1、图6-2）。

图6-1　白裤瑶服饰（一）

图6-2　白裤瑶服饰（二）

妇女夏装的上衣是前后两块布，很随意地搭在肩上，后片绣有瑶王印图腾，下衣是蓝白相间的百褶短裙。

白裤瑶传统服饰材料都是自制的。以面料为例，一块自纺织物的完成需要通过种棉、护棉、采棉、轧棉、纺纱、跑纱、卷纱、穿筘、织布等数十道工序，花费将近一年的时间才能完成（图6-3）。因为材料获取不易，人们格外珍惜。

白裤瑶妇女纺纱织布做衣，新买的棉纱要经过蒸煮、漂洗、晾晒才可织布，而年轻一代的白裤瑶妇女大多直接到市场上买白布（图6-4）。

用蜡刀蘸上融化的蜡水，描绘瑶王印或者其他图案于白布上，再经过靛蓝染液浸染，加温煮化蜡块，留下白色图案（图6-5）。

图6-3　跑纱

图 6-4　处理新买的棉纱

图 6-5　描绘图案

白裤瑶自织面料幅宽受限于传统织机，因织机较窄，导致所织布幅有限，约为 3 拃 ≈ 48cm。在有限的幅宽内实现织物的最大化利用，成了白裤瑶人面临的重要问题。如何解决这个问题？白裤瑶人巧妙地运用了裁剪理念和布幅与服装结构的关系，进行了以下实践：

1. 直线型裁剪

白裤瑶服饰结构造型裁片均为直线型裁剪所得，是我国传统服饰"十"字形结构服装造型思想中最节约材料的一种结构表现。

以成人男女上衣为例，在"十"字形结构基础上采用 T 形折纸造型（袖子与衣身断缝），前后左右对称，可以说最大限度上节约了成本。

2. 面料幅宽与服装结构的巧妙转化应用

白裤瑶服饰造物思想还体现在对面料幅宽与服装结构的巧妙转化应用方面。白裤瑶主体面料布幅扮演着白裤瑶服饰结构裁剪的"尺"的角色，即按面料布幅尺寸直接裁剪获取服装结构衣片进行服饰制作。多数裁片结构的长宽就是布幅的长宽。当所取裁片尺寸大于幅宽的时候，白裤瑶妇女选择在幅宽的基础上加一块，如白裤瑶成年男子上衣结构中所体现的加法原理，加上去的哪一块面料为 1 拃，白裤瑶妇女或者专门织出 1 拃宽的幅布作为上衣补充，或者在 3 拃（3 拃 ≈ 48cm）宽的面料上沿布边裁剪获取。

值得一提的是，白裤瑶所有服饰裁片都是按这种原理获取的，并且绝大多数裁片的尺寸就是衣料幅宽。这是一种最简单、最直接的结构思想，不必考虑造型因素的影响，也因此做到了衣料的零浪费。

尽管现在里湖乡的圩场上也出售面料，多是白裤瑶妇女自产自销的白裤瑶土布，但与其他面料显得格格不入，因此少有人光顾。土布规格尺寸都是统一的，在人们的观念里已经形成了一种尺寸与材料选择约定俗成的定式：只有这样的土布才能制作带有白裤瑶文化的服饰；只有这样的土布做出来的服饰才能得到大众的认可；只有这样的尺寸的土布，她们使用起来才得心应手，各结构、造型才得以表现。

三、广西侗族衣兜的形制

侗族服饰历史悠久，古朴雅致，以居住的地域划分，可大致分为南北两种类型，各具特色。北部侗族地区由于水陆交通较为便利，生产水平较高，文化较发达，因此，在日常生活中男子服饰的演变与汉族服饰基本相似，妇女的服饰也只有部分保留原来的形制特点。南部侗族地区的服饰迥然不同，由于地处山区，交通不便，至今仍保持着较古老的形制特点。

在各个侗族聚居地中，服饰形态各有不同。居住在中国南部地区的广西三江侗族自治县是全国 5 个侗族自治县中侗族人口最多的一个县，广西侗族服饰也是少数民族服饰中最具特色的服饰之一，其制作极为精美，当地居民至今仍把本民族服饰当作日常服饰穿着。其中女子衣兜是广西侗族服饰中最具有代表性的服饰部件，在如今民族风盛行的艺术设计界，往往被作为少数民族经典元素而运用在各种现代设计中。

（一）衣兜的形制特点

衣兜是广西地区侗族女子服饰的重要组成部分。民族服饰配套穿着讲究"取长补短"，有主有次，内衣与外衣的配合"互为补缺"。清代《柳州府志》中记载三江侗族女子："女子挽偏髻，插长簪，花衫、耳环、手镯与男子同，有裙无裤，裙最短，露其膝，胸前裹肚，以银镊缀之。"广西侗族姑娘的上装一般外穿青蓝色的无领开敞式对襟衣，内搭一件菱形的衣兜，尖角可长及大腿中部，下装穿着齐膝百褶短裙，小腿捆扎绑腿或者织锦布套，足穿船形绣花弓鞋。整体造型单纯简洁、贴身随意、色彩艳丽、协调柔美，活动时长衣短裙显得轻盈灵动，体现出女性婀娜多姿的体态美感，因此，内穿的衣兜在其中的作用不可忽视。

衣兜，俗称为"肚兜"，也有专家学者称为"胸兜""兜领""围兜"等。"肚兜"一说，较为隐私，一般不宜外露，"胸兜""兜领""围兜"皆不能很好地体现该部件的穿着方式和作用，唯有"衣兜"能比较全面准确地描述其在穿着上既可内穿，又可外敞的着装功能，拥有"衣"的主体地位。

衣兜色彩大多为深蓝偏紫色，新娘的衣兜为红色，总体呈现菱形的外观造型：上部以弧形剪裁的蓝绸、长方形刺绣花饰、织锦的组合形式进行装饰和拼贴，色彩斑斓，可以起到衬托女子脸部的作用；上部弧形与颈部贴合，两端系带，穿着时套在颈间，于颈后打结；腰部两端另系有两条带子束于背后；衣兜下摆较长，下部尖端处可遮盖小腹，甚至直达腿部。

在衣兜的整体造型中，上部的胸围花饰是最大的亮点，侗语称为"深"，也可单独作为刺绣工艺品在市场交易。花饰长约 17 厘米，宽约 12 厘米，根据衣兜做工的繁简，尺寸可略有区别，盛装的衣兜花饰通常较为宽大，刺绣花样也更加精致。花饰多采用喜鹊、谷穗、杨梅、荔枝等自然花鸟的独立纹样，图案结构对称，配以铜钱纹样，含富贵吉祥之意。花饰下则配以带状的侗族小花织锦，宽 3~5 厘米，绣有二方连续几何图案，与刺绣的花饰互相衬托、相映成趣。

对于用于系结的绳带，一般家庭使用布绳，或缀以银质链钩，富贵之家多用金链、银链等。系带时根据天气变化和服饰搭配，衣兜穿着可高可低、可松可紧，其艺术审美情趣显得真诚而淳朴。

（二）衣兜的审美特征

1. 衣兜的材质之美

侗族的服装主要以自制的侗布为面料，衣兜也是如此，但在现代商业化的民族文化推广潮流下，有些衣兜以未经处理的普通棉布为面料来制作，作为有代表性的侗族旅游品销售。

制作传统衣兜使用的侗布，是侗族人使用范围最广、使用年代久远、体现侗族特色的一种纺织品。侗族妇女擅长纺织，将棉花手工捻线织成面料后，用蓝靛草发酵的汁液染色、上浆，自然风干至未全干时，进行捶打、蒸晒，最终形成独具特色的侗布。侗布以深黑色调为主，常见的还有青、蓝、紫、白色，采用的染料出自纯天然的蓝草类植物，不仅环保，还具有保健的功效。侗布的特点不仅包括通过天然染料使其自然着色，其中，将侗布进行特殊的工艺处理，反复捶打后，其表面可形成金属一般的光泽，有光亮如漆的肌理效果，这是其最具魅力的地方，因此，民间形象地把这种发亮的侗布称为"亮布"。侗布都是以纯手工制作的，幅宽较窄，制作过程烦琐且细致，每一匹布都要耗费大量的人力和时间，从开始纺布到成品需要一个月，因此产量不大，非常珍贵。尤其是光泽越亮的亮布，要求反复上浆、捶打的次数就越多，制作时间更长，也就更有价值，是侗布中的精品。侗布的制作体现了侗族人民的勤劳、智慧和淳朴的自然审美观。

使用传统侗布制作的衣兜有两种，平口穿着不亮的侗布，节日需着盛装时穿着发亮的亮布，各具特色。不亮的侗布较为柔软，日常的衣兜主要使用青色和本色的侗布，耐洗且贴身穿着时舒适、透气，具有天然材质的光泽美感，与胸口的绸缎和花饰形成强烈的对比，富有自然肌理与精工雕琢的互衬情趣。亮布由于不耐洗，通常不洗涤，所以只在节日穿着。亮布衣兜经过多次上浆，硬挺度持久，造型感较好，主要以墨紫色为底，上面具有金粉涂抹一般的光泽，闪闪发亮，与对襟敞开的盛装外套和银饰搭配，呈现出华贵的气派和隆重的节日氛围。

2. 衣兜的装饰之美

衣兜的款式古朴，在装饰上却精雕细琢。衣兜上的绣花是其制作中的点睛之笔，兼具装饰审美功能和文化功能。侗族没有自己的文字，文化的传承大多依靠歌、舞、戏、图志等文艺形式，前三者都属于口头传承，而图形记载相对于其他三种形式而言，具有较好的稳定性。因此，侗族人民擅长在织锦或服饰上刺绣出各种传统图案，表达不同的吉祥寓意和文化象征意义。而在女子的服装中，绣艺、文化、内涵、技巧诸方面融为一体，集中表现在胸兜上，极具美感。

衣兜上的装饰刺绣构图细密严谨，置于花饰中间的主体繁绣叫"中花"。中花图案大多源于自然，把自然的花鸟鱼虫等客观物象进行抽象组合；另有纪念历史事件的纹样图形，例如，"解放"的汉字造型和花卉的组合图形，反映了侗族人民原始而淳朴的美好愿望。在图案构成上，通过点线面的对比组合，主体突出、层次感强，尤其是通过线条粗细、曲直的变化，极好地表现出图形的流动感和韵律感。在色彩搭配上，多数在衣兜的黑底上配以水红、橘红、湖蓝、群青、粉绿等色，所用的色彩经过对自然界色彩的夸张和提炼，而非简单的直接模仿。下端的带状织锦经过精心挑选，在色彩和花色上要完美衬托衣兜花饰的特点，若花饰较小，则配以较宽的织锦，若花饰较大，则以较窄的织锦进行对比烘托，反映了一种纯真的艺术审美情趣。

衣兜造型古朴典雅，精细的装饰手法与原生态的侗布形成强烈且丰富的色彩对比，层次分明而统一，富有浓郁的装饰美感。整体呈现出一种与侗族人民性格特征相符的既欢快活跃又和谐安宁的效果，寄寓着他们对生活的热爱和对美的希望。

3. 衣兜的工艺之美

衣兜多使用侗布，但侗布的布幅很窄，为了满足衣兜的长度要求，通常按照宽度 1∶3 左右的比例拼合面料，三江地区的衣兜一般采用同种侗布进行拼接，拼合痕迹不明显，而某些地区的衣兜较长，其下部用蓝色或绿色的布与侗布拼接，增添了独特的层次效果。

花饰制作采用侗绣工艺，主要分为刺绣和挑花，刺绣针法品种繁多，有铺绒绣、错针绣、结籽绣、亮片绣、打纸绣、长针绣、破纱绣等，在具体操作时，往往多种针法配合使用。其中铺绒绣用得较为普遍，在衣兜花饰中常用。通常在刺绣之前先剪花样纸稿，将纸样贴在底纹上，以湖蓝色或紫色、青绿色底起花，以中花图案为底花样，然后用鲜艳的各色丝线采取平绣绣出花纹，当地民间艺人称其为"衬花"。有些在绣好的花饰上还局部使用亮片绣进行点缀装饰，突出花型，闪耀动人。

侗族织锦素来具备构图精美、图案多样、色彩绚丽、工艺精巧的优良品质，清朝康熙年间胡奉衡的《黎平竹枝词》中就有"峒锦矜夸产古州"的美誉。侗锦的编织方式主要有两种，一种是用"斜织机"进行编织，用于编织较大幅的织锦，而衣兜中的带状侗锦属于窄面长条形织物。另一种是"木梳式"手工编织法，较为常用。即将一束白纱的一端钉在柱上或其他物体上，另一端作经线绕在一块宽 3.3 厘米、长 16.5 厘米的木梳式竹片上，置于腹前，竹片两端以绳系于腰，用彩色丝线作纬线，像打草鞋一样编织图案。这种编织方法的用具简单，方便易行，日常生活中放牛或串门聊天都可随身携带、随时编织，是侗族妇女最为流行的一种织锦方法。

除此以外，侗锦上的花纹还可以通过挑花工艺实现，与织花不同的是，挑花不需要竹签与综丝提经，需要织者特别熟练，才能准确无误地挑出精美的图案。

第二节　广西民族服饰的结构特征

广西少数民族服装的双重性结构特征与半成型服装的审美特征具有异曲同工之妙。当服装与人体的空间越大时，它与人体本身的关系越小，其合体性略居其次，而其造型上的构成更应得到重视。

一、穿着支点改变使服装由平面向立体转化

平面裁剪的服装，可以平铺在水平面上。但是因其与人体的矛盾，着装支点的位置所造成的倾斜而产生了着装后的立体效果，促成了中国少数民族服装的平面结构向立体转化，表达了东方服装由静态到动态的着装审美特点。

广西的少数民族服装因平面的开领位置靠前，领片也是平面的直线型，使肩线的位置经过穿着造成了支点的转移，服装从平面的形状向立体形状变化时，前后衣身的尺寸也发生了变化。瑶族狗尾衫中，其领围线是完全的矩形，而且后领线在前身部分，这样在穿着的时候，整个衣服前身会被脖颈牵引，连同肩袖线向后移动形成服装的立体感。少数民族服装中常见的直领对襟服装，因穿着支点的原因使前身向上变短，而且对襟因此变成互相交叠，其造型充满立体感。

二、巧妙的拼接方式形成了立体的造型

广西民族服装虽然都是"十"字形结构服装的变体，但是利用身与袖的宽窄比例变化、穿着方式、裁片与人体的矛盾性、裁片的拼接方式和工艺的处理等，使服装呈现出千变万化的造型，实在是令人叹为观止。

另外，广西民族服装采用很多巧妙的拼接方式，将平面的服装造型向立体方向进行了延伸，如"正裁斜"和"正裁起墙"等拼接方法。所谓"延裁"，就是沿直纱方向裁剪，以衣片的纱向为正。"正裁"可以最大限度地提高面料的利用率。而"正裁斜拼"是指利用面料在斜纱方向具有弹性的特征，与直纱方向的裁片呈一定角度进行拼接，使穿着过程中需要活动的身体部位所对应的裁片为斜纱方向，在客观上使长度得到了增加，同时增加了面料的弹性，提高了服装的功能性与舒适度。

"起墙拼接"是指在平面鸳线剪裁的裁片上，将壹线边缘的裁片与边缘有角度的裁片拼接，使平面的衣片形成如同竖起了立体墙体一样的造型。因为面料是柔软的，所以摆放时依然是平的，而穿着时呈现立体的样貌。

广西瑶族狗尾衫的腋下片为直裁的矩形裁片，利用起墙拼接的方法将其拼接在衣身和袖子的90°直角边缘上，形成了独具特色的立体造型（图6-6~图6-8）。

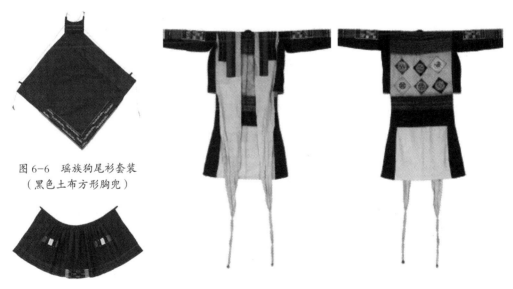

图6-6　瑶族狗尾衫套装
（黑色土布方形胸兜）

图6-7　瑶族狗尾衫套装

图6-8　狗尾衫正面、背面展示图

由于在平面裁剪方法中，着装支点的变化和"正裁斜拼""起墙拼接"等方式促成了服装的结构由平面裁剪向立体造型转化，反映了广西少数民族服饰不仅包括传统意义上平面化的结构，更包括由平面向立体转化的结构特征。

广西少数民族结构中的立体表达与西方服装的立体塑造有着本质的区别。西方的立体是以面料包裹人体，通过省道和分割线去掉人体与面料之间的多余空间，从而达到对人体本身的立体塑造。而广西民族服装的立体是对面料因势利导，以构成服装造型本身为优先目的。

第三节　广西民族服饰的造型特征

民族服饰造型文脉指的是以传统服装为载体所贮存的中华民族文明发展信息，以及民族服饰造型在形式和精神上的个性和特色。

一、造型的产生

服装并非一开始就具有完整的造型，最初只是把身体上需要遮盖的地方遮盖或装饰起来，随着文化的变迁，服装的造型也不断地变化和进步，并日渐形成各具特色的服装造型。

人们在长期的社会生产实践中产生的智慧充分地体现了人们的着衣方式，并成为本地区或民族文化中不可忽视的一个重要组成部分。由此可以看出，服装是人类生存和发展过程中必然的产物，其所具备的实用性与独特的审美性成为物质与精神有机结合的文明标识。中国历代民族传统服装造型是各民族基于特定的地理环境，长期以来形成的具有浓郁的地域特征、文化积淀的特定时期的服装造型，并在发展中不断完善。我国少数民族服饰发展阶段，历经从单块面料披裹式的服装形制到多块衣料稍加缝制的上衣下裳和衣裳连体形式，服装形成相对稳定的造型，具体结构分为三种类型，这三种类型在少数民族服饰中均得以体现：较原始的是织造型，之后为缝合型，再者是后期的剪裁型。这三种服饰结构类型在瑶族服饰中同样得以体现。

织造型以手工编织成的面料为基础，不经缝合，即有织无缝。白裤瑶妇女服饰的贯头衣即属此类型，无领无袖，以布片缀合或束腰带来固定前后衣片，是服装较为原始的状态。

缝合型是在织造型的基础上进一步发展而来的，即有织有缝，但不用剪刀裁剪，仅将面料分割成几何形再加以缝合。整个服装的裁片是呈三角形或矩形等形状的衣片。如白裤瑶的男子所着的裤子就是典型的缝合型服饰，由一整块长布料构成三个正方形，第一个正方形对折形成一个裤腿，中间第二个正方形沿对角线对折形成平底裤裆，第三个正方形与中间正方形的一边缝合形成另外一个裤腿，两裤腿的量合成裤腰，从而做成白裤瑶的平底大裆裤。

剪裁型相比缝合型更进一步，根据人体的尺寸将面料裁剪成几何形裁片，再严密缝合制成服装，能较好地覆盖身体，不需要加束腰带、背牌、披肩等服饰配件。如花瑶男子服饰，用黑布头帕将头包成很高的圆筒状，头帕端有彩穗从头顶自然下垂；多件上衣重叠穿在身上，内衣为对襟浅色短衣，外衣为右衽黑布衣，并且从里到外依次一层比一层短，最外层衣长仅50余厘米，衣摆依次露出2厘米，一眼望去，所穿衣服尽收眼底；下穿黑色窄腿长裤，犹如马裤一般，显得彪悍利索。由此可见，剪裁型的服饰与人体的贴合度更加紧密，保持人体活动量充足的同时，使服装和人体更加和谐。

二、造型的功能

（一）实用功能

当人们感叹服装独特的款式结构和别致的饰物造型时，容易忽视造型外在美的表象之内所蕴含的功能性本质。也许如今服装的功能已随着生活条件和劳动条件的改善而被逐渐淡化，但至少在这些服装形成之初，它的实用性和功能性是影响服装结构和造型的主要因素。

白裤瑶社会显示出强烈的雄鸡崇拜心理，其服饰构成体现出以"雄鸡"为原型的仿生服装设计思维。关于白裤瑶的"雄鸡"崇拜，在广西南丹里湖白裤瑶生态博物馆《瑶山雨露》中有这样一段说明：上古时期苍穹之上有十个太阳，人类酷热难耐、苦不堪言，后遇能人异士以强弓射下了其中的九个（与我国传统神话中的后羿射日极为相似），人类这才摆脱了苦海。但此时天空之中最后一颗太阳因害怕被射下的命运而躲了起来，大地陷入了黑暗之中，人类想尽了办法让太阳出来照耀大地都没有成功。在十二天十二夜不见天日之后，无计可施的情况下，人类把雄鸡请了出来，希望用鸣啼声唤出太阳，雄鸡鸣叫了七七四十九天后，太阳的恐惧心理方得消散，把光明又撒向了大地，人类又重见了光明。至那以后，白裤瑶的祖先就有了雄鸡崇拜的情结，认定雄鸡具有某种通神的灵性，能驱赶黑暗，带来光明与希望，在它的庇佑下可以让文化更好地生存与发展。由此，白裤瑶众多民俗事象都体现了雄鸡崇拜情结。例如，在白裤瑶，无论是白事还是红事都会用到鸡，"鬼师"（巫师）以鸡煮熟后鸡眼所呈现的特征来评判事物的好坏；在时间上，白裤瑶以十二生肖作为时间的划分标准，对一天中的24小时进行生肖划分，一个生肖属性代表 2 小时，一个月中同样划分生肖日，并且认为只有在"鸡日""鸡时"做事才能得到好的效果。最为称奇的是白裤瑶人将"雄鸡"的形象穿在了身上，具体表现在两个方面：

一是白裤瑶传统男子服饰形制结构造型以"雄鸡"形象展开，体现了结构仿生设计思想。白裤瑶祖先由"雄鸡"崇拜延伸的服装结构设计思想，对于他们认为"雄鸡"最出彩的羽毛和脚，巧妙地以男子上衣尾形翘起结构以及两侧开衩翘起结构象征雄鸡的尾巴与翅膀，以绑腿带装饰下的腿部象征鸡脚（图6-9）。

二是将由"雄鸡"形象所生成的抽象纹样（"鸡仔"纹样）以刺绣、蜡染的方式装饰在服饰上。在白裤瑶绝大多数服饰中都装饰有"鸡仔"纹样（图6-10），这种抽象的表现方式只有白裤瑶的妇女可以识别出图案中所体现的雄鸡的各个部位。

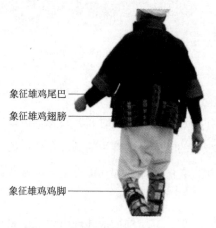

象征雄鸡尾巴
象征雄鸡翅膀
象征雄鸡鸡脚

图 6-9　白裤瑶上衣结构中体现的
"雄鸡"崇拜

图 6-10　鸡仔图案

人类最初为生存而模仿自然生物创造工具，在提高生存技能的同时，也逐渐形成自然崇拜和生命崇拜的思想和意识，完成了从人化到文化的积累和转化，创造了人类自己的文明。早期仿生设计的思想意识和价值观念就是生存，仿生设计就是生存设计。

白裤瑶族的服饰仿生设计思维实际上就是为了应对大自然的考验，是求得种族发展的一种主动改变，是为了获得保护、与自然共生的一种自然崇拜的表现形式。

（二）认知功能

服装以它特有的符号组合向人们传递着各种信息，使服装的流通成为一种文化的传播方式。服装造型还被作为政治符号在人类生活中长期存在，同时以性别、身份、地位差异为基础构建了服装审美规范。将服装的造型语言转换成符号后，不仅可以发挥服装的认知功能，让人们了解不同的服装造型的不同文化背景，产生于不同的朝代，发挥着不同的实用功能、装饰功能及审美功能，给人不同的感受和对生活意义的领悟。服装造型作为认知符号，以特有的语言形态，传达出服装的精神内涵。服装造型的艺术表现力正是服装造型的语言功能，每一个朝代的服装造型代表着不同年代的语言，是人们获得认知和审美效应的依据。

（三）审美功能

广西民族服装偏重外线的造型，以线韵来传神韵。中国历代的服装都以十字交叉的主干线条作为基础造型，手臂平伸后与身体的直线呈垂直状。这种造型显得稳定对称、朴素简洁，强调悬垂飘逸感与舒展流畅性。人与物是融合的统一体，服饰本身突出了宽大、掩盖、含蓄。

服装造型是感性与理性、抽象与具象合一的形态，是通过视觉的转化达成形象化的审美效应，充分显示出中国民族服装造型的内在感染力。在此层面上，它是感性、直觉、个别的，具有很强的自我独立性与具体现实性。但它作为一种传输信息的工具，也有着与抽象语言相似的特性。服装造型视觉含义的表现方式具有多层面的复合结构，外在的表象是根据造型的主题及内容选择恰当的艺术组成方式、造型元素，是依附载体而体现出来的具体形态和形式特征；而内在本质的表达则通过外在表象发生作用，是其内在性格、精神、本质等理性因素，通过色彩、纹样及面料肌理等外在造型形式反映出来，传达物化于其中的人的思想感情、精神追求、审美观念、文化传统等。

三、造型的体现形式

服装造型同劳动人民的生活、生产有着密不可分的关系，是劳动者物质创造和精神创造的有机结合体，体现着他们的情感、理想和审美。从着装理念层面讲，广西民族服装讲究天人合一，追求一种意境美，服装造型以寄托愿望、品行操守为重，更大意义在于满足天、地、人共存的生命信仰。

现代个别服装的张扬造型淹没了服装的功能，层叠的褶皱、拖长的裙裾、膨大的造型，体积感、体量感被无限地强调，超出了人体美的极限；形式上的繁复与夸张，从一定意义上反映了设计内涵元素的匮乏。服装造型有它的内涵，不是简单的形式上的叠加。

例如广西南丹白裤瑶族，无论是盛大集会还是日常劳作，都坚持穿着本民族服饰。白裤瑶的服饰与众不同，有着浓郁的古代中原遗风，具有一定的原始性和历史性。白裤瑶服饰按性别分为男装和女装。按功用和季节，男装又分为盛装和便装，女装分为夏服和冬服。男瑶民日常劳作着便装不扎腰带，任上衣敞胸，出门赶集访亲和参加重大节日或集会时着盛装，扎腰带（图6-11）。女瑶民夏季着夏装，冬季着冬装，如冬天有重大活动，则把冬装上衣穿在夏装的挂衣里面，并扎上绑腿。女冬装是由魏晋时期的襦裙演变过来的，那时的衣制为上襦，下裙，中有裳。晋代的襦为窄袖交领右衽短上衣，裙为宽摆折裥曳地长裙，裳是一块围在腰上的布。

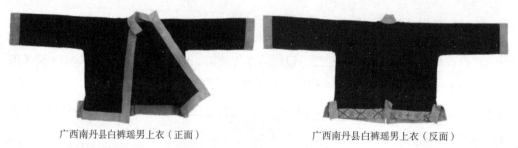

广西南丹县白裤瑶男上衣（正面）　　　　　　广西南丹县白裤瑶男上衣（反面）

图6-11　广西南丹县白裤瑶男装

不过白裤瑶民为了适应环境，把裙缩短了，长度只到膝部，而裳则被缩小变成装饰性的围裙。魏晋时还有一种胫衣叫"幅"，就是裹腿，以一块布缠绕包裹在小腿上。白裤瑶却把它发扬光大，做成了很漂亮的绑腿式样。

（一）女子服饰造型

1. 女子便装

包含头巾、上衣、百褶裙、绑腿。

（1）头巾

南丹白裤瑶族很重视头饰，他们的首服制度也是沿袭的秦汉衣制。白裤瑶的女子在结婚之后便开始包头禁发。女子在佩戴头巾时需要先把长发在脑后扎，成发髻状，然后用一张黑布（约3拃长2拃宽，对折成1拃宽的折幅）中间对准前额，从前面往后包裹头发，但只把前额的头发包住，让挽扎在脑后的头发结自然隆起，最后用两条白色带子（如手指宽，预先缝在黑布角上）从后往前、自左向右平绕两周，布条尾部扎在左前额部位翘起，好似锦鸡头上的翎毛（图6-12～图6-14）。

（2）上衣

分冬季长袖、夏季贯头衣两种。

冬衣是双层对襟右衽的短衣，短衣有袖子但没有纽扣，领子为矮的立

图6-12　女子头巾佩戴方式展示

图6-13　女子头巾佩戴方式展示

图6-14　女子头巾平铺展示

领，颜色为黑色。每边襟领连接处用橙红色丝线绞绣一拃长的花边，作为口袋（图6-15、图6-16）。

夏衣是无领无袖褂，称为"褂衣"或"贯头衣"。由前、后两幅连衣袖三部分组成。长度刚到裙腰，腋下无扣，两侧亦不缝合，仅肩角处相连，上部正中留口不缝合，贯头而入。胸前是块与肩宽相等的正方形家机黑色方布，无图案、无镶边，背后是一块与前幅等宽的有蜡染图案的蓝黑色绣花布，下摆处用3指宽的蓝布镶边，蓝布上饰有米字纹图案，前后幅的两侧都缝有一条黑色的布环，布环约4指宽，其周长比前幅、后幅的长度和还要长一些（图6-17、图6-18）。

（3）百褶裙

白裤瑶女子一年四季都身着百褶裙，裙子不分冬夏、简盛。裙子主色以黑蓝两色相间，配以橙（黄）、红蚕丝线。百褶裙还配一块挡布。此布长1尺3寸5分，宽6寸，四周用一条1寸宽浅蓝色的布块镶好，系上带子绑在腰上，挡在裙子两端交叉的地方，可以遮挡百褶裙的接缝，也起到美观的作用（图6-19、图6-20）。

（4）绑腿

绑腿是由魏晋时的"胫衣"演变而成的。在瑶寨，成年的白裤瑶男子、女子都有绑腿，但只在上山劳作、参加节庆演出或冬天天寒地冻的时候才佩戴，平时很少佩戴。女子的绑腿布是用每幅宽一拃半、长十二拃的黑布将足胫包裹（区别于男子用的长白布条），外层再并

图6-15　女子冬季便装上衣穿着方式展示（正面）

图6-16　女子冬季便装上衣穿着方式展示（背面）

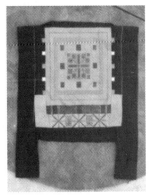

图6-17　女子夏季便装上衣穿着方式展示

图6-18　女子夏季便装上衣平铺展示

图6-19　女子便装百褶裙穿着方式展示

图6-20　女子便装百褶裙平铺展示

列绑上四副橘红色丝线绣着"米"字花纹的花绑带（图6-21~图6-23）。

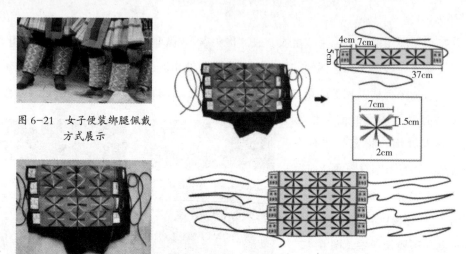

图6-21 女子便装绑腿佩戴
方式展示

图6-22 女子便装绑腿
平铺展示

图6-23 女子便装绑腿款式

2. 女子盛装

包含上衣、百褶裙、绑腿、饰品。

（1）上衣

将女子3件或4件夏季贯头衣套缝订在一起，即是女子的盛装上衣，从里到外，外层的较短，里层的较长，有丰富的层次（图6-24~图6-26）。

图6-24 女子盛装上衣穿着
方式展示（正面）

图6-25 女子盛装上衣穿着
方式展示（背面）

图6-26 女子盛装上衣
细节展示

（2）百褶裙

同便装。

（3）绑腿

同便装。

（4）饰品

女子盛装的饰品主要有胸饰品和坠花两种。胸饰品是一根银链子两头拴着一个大银筒，绕过后颈脖挂在胸前，银筒由14个等大的银圈并列组成，造型非常奇特。用一根红线把一些珠子之类的小饰品串联在一块，便是坠花，坠花长度一般为65厘米，用来装饰上衣（图6-27～图6-30）。

 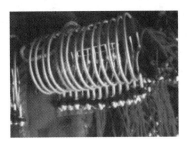

图6-27 女子盛装饰品佩戴 图6-28 女子盛装饰品细节展示
　　　　 方式展示

图6-29 女子盛装饰品佩戴 图6-30 女子盛装饰品细节展示
　　　　 方式展示

（二）男子服饰造型

1. 男子便装

包含头巾、上衣、裤子、绑腿、黑腰带。

（1）头巾

白裤瑶的男子在年满20周岁结婚以后，便任由头发长长，开始续发盘髻，白裤瑶把留长发包头巾叫作"禁发"。白裤瑶男子佩戴头巾的过程是先将头发拧成一股，再用一条1.2米长、12厘米宽的白布条螺旋包紧，从前额顶经两侧盘绕在头上，在脑后处留出一段发尾，使发型近似于锦鸡的头部，有向后伸长并翘起的冠毛，之后再用一条同样大小的黑布顺折后盘绕在白头巾的外面，但又不把白头巾全部遮住，使上下都能看见缠绕着头发的白头巾（图6-31、图6-32）。

图6-31 男子头巾佩戴
方式展示（背面）　　图6-32 男子头巾佩戴
方式展示（侧面）

（2）上衣

　　男子上衣无论简盛，都是黑色立领的对襟衽衣，没有纽扣。男子的便装根据上衣色彩的多少分为两种。一种是蓝黑色调，即在领襟、门襟、袖口、前后片衣摆处皆有约3指宽的蓝色布块镶边，后背衣摆中心处和两侧衣摆处有开衩。用作镶边的蓝色布块在两侧开衩（侧缝）的地方正好折叠成两翼，两翼的高度比宽度多一倍，上面没有刺绣图案。从两翼往后，在镶边的蓝色布块上，用橙红色、黑色丝线刺绣"米"字纹的图案。除了两侧，在后背衣摆的正中开衩处也折有与翼部同样大小的翘起，是为尾部，绣有图案。如此有蓝色镶边和刺绣图案的上衣称为"小花衣"，是男子便装上衣的一种。另一种是纯黑色调，即简上衣，没有蓝布镶边，衣摆处也没有两翼和尾翘，仅在后幅中线齐股处有一个"八字形"的2寸开口（图6-33、图6-34）。

（3）裤子

　　男子穿的白色及膝短裤，又称"马裤"。裤子是用纯白土布裁缝而成的，腰宽90厘米，腰头要左右折叠稳，裤裆尖大呈三角形，裤脚齐膝，紧箍于与膝盖下两寸。裤子的缝制方式最为原始，属于"缝合型"的典型代表，即不经过剪裁将面料裁制成长方形进行缝缀，无边脚废料。将白裤平铺展开时可见宽大的平裆，腰为直角缺口，穿着后仍较为合体。便装的男裤无图案，仅在膝下即裤脚处用7厘米宽（三指宽）、30厘米长的黑布镶边（图6-35、图6-36）。

（4）绑腿

　　男子在用花绑带之前，先用长约12米（72拃）的4指宽的白色绑腿布裹扎（绑腿布在穿便装时可有可

图6-33 男子便装上衣穿着
方式展示（款式2、正面）　图6-34 男子便装上衣穿着
方式展示（款式2、侧面）

图6-35 男子便装裤子穿着
方式展示（正面）　　图6-36 男子便装裤子
穿着方式展示（背面）

无），再用五六副绣有图案的花绑带（同女子用的相同）包扎在外层。

（5）黑腰带

白裤瑶的男子服饰常常是以白色上衣和白色宽松裤子为主要特征。而在腰部，则会配上一条黑色的腰带，以起到束腰和装饰的作用。

这条黑腰带通常是用布制成的，长度较长，可以绕过腰部多次，通过扎结或系扣的方式来固定。腰带的宽度和款式因地区和个人喜好而异，一些白裤瑶男子会在腰带上绣上各种图案和纹饰，以彰显自己的身份和品位。

2. 男子盛装

包含头巾、上衣、花腰带、裤子、绑腿、饰品。

（1）头巾

同便装。

（2）上衣

将镶边带绣的便装上衣（小花衣）3 件或 4 件套缝订在一起，即是男子的盛装上衣，称为"大花衣"，瑶话叫"朝 K"。"大花衣"从里到外，一件比一件短。衣领齐耳高，衣领、衣脚和翘出 3 厘米高的"燕尾"都露高低、现长短，呈 3~4 层重叠状。衣脚处用黄、红等彩色丝线绣上纹样，刺出 4~6 个大小二平方寸、间隔相等的相互联结的"米"字，产生一种豪华感（图 6-37~图 6-40）。

图 6-37　男子盛装上衣穿着方式展示（正面）　图 6-38　男子盛装上衣穿着方式展示（背面）　图 6-39　男子盛装上衣平铺展示　图 6-40　男子盛装上衣细节展示

（3）花腰带

长 150 厘米、宽 25 厘米的白布上，使用彩色花线绣满菱形交叉的花纹制成的花腰带（图 6-41）。

（4）裤子

盛装的男裤与便装有所不同，盛装的男裤在裤管的前膝盖部位饰有 5 根用红丝线绣成的手指形状的花柱，称为"五指纹"或"五指血印"。整个纹样以中间的一根最长，约 15 厘米；以此为中心，在两边间隔 2

图 6-41　男子盛装腰带穿着方式展示

厘米处各加绣一条，高度为 12 厘米；完成之后，再在两边间隔 2 厘米处各加绣一条，高度为 9 厘米。五条花柱的上部都绣有一个"米"字形的花条纹样，每根直条宽约 1 厘米（图 6-42、图 6-43）。

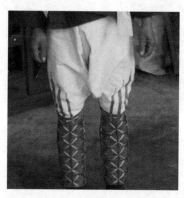 

图 6-42　男子盛装裤子穿着
方式展示（正面）

图 6-43　男子盛装裤子穿着
方式展示（背面）

（5）绑腿

绑腿是一种将布条缠绕在小腿上的穿着方式，可以起到保护腿部、防止寒冷和增加美感的作用。绑腿的形式和方法因地域和民族的不同而有所不同。比如在壮族地区，男子的绑腿通常是用红、绿、蓝等颜色的布条缠绕在腿上，有时还会在绑腿上加上饰有银质或铜质的纽扣。在瑶族地区，男子的绑腿通常是用黑色或白色的布条缠绕在腿上，有时还会在绑腿上绣上花纹或加上一些金属装饰。在苗族、侗族地区，男子的绑腿则通常是用黑色或深蓝色的布条缠绕在腿上，并在绑腿上加上铜环或饰有花纹的铜扣。

（6）饰品

广西民族服饰中的一些代表性男子饰品，它们既反映了各民族的传统文化和审美习惯，也具有鲜明的民族特色和装饰性。

广西的苗族、壮族、瑶族等民族都喜欢佩戴银饰，男子的银饰通常包括银耳环、银戒指、银手镯、银项链等。这些银饰大多是手工制作的，具有浓郁的民族特色和工艺美感。

广西各民族的男子都爱戴各式各样的帽子，如苗族的"花鸟山帽"、壮族的"凤头巾"、瑶族的"红缨帽"等。这些帽子不仅具有保暖、遮阳等实用功能，还反映了各民族的传统文化和审美习惯。

壮族的男子通常在衣领处系一块方形的绸缎领巾，这种领巾又称为"花脖巾"或"插花巾"，颜色鲜艳、图案繁复，非常具有装饰性和民族特色。

第七章　广西民族服饰面料艺术

第一节　织锦的面料艺术

广西织锦已有上千年的历史，壮锦、瑶锦、苗锦和侗锦等至今依然广为流传，既是各民族人民的特需用品，又是富有浓厚民族风格和鲜明地方特色的精美工艺品。

壮锦、瑶锦、苗锦和侗锦，大多由棉纱作经、丝绒或棉线作纬，从历史上看，也曾用苎麻、木棉、吉贝等植物纤维及虫丝做原料，通过结构简单的提花织机交织而成。其共同特征是题材丰富、结构严谨、造型别致、色彩绚丽，质地结实、用途广泛。由于各个民族的居住环境、生产条件、民族性格、生活习惯、艺术爱好等不同，又形成了各自不同的风格和特点。

一、壮锦

壮族人民用五彩缤纷的丝绒和棉线织成的壮锦，广泛流行于广西各地民间，图案题材广泛、形式多样，形象生动，色彩富丽（图7-1）。

最初，壮锦图案一般由制作者自行设计，用腹稿，边想边制作。他们把大自然的花卉、果实、鸟兽、鱼虫以及祖国的壮丽山河，经过加工提炼，根据各种锦物的形式，组成美观大方的图案，织成壮锦，以反映壮族人民热爱美好生活的愿望。据初步了解，传统沿用的纹样有十字、回纹、水纹、云纹、菊花、莲花、梅花、五彩花、四宝围篮、石榴、牡丹、团龙飞凤、蝴蝶朝花、凤穿牡丹、双龙抢珠、狮子滚球、马鹿穿山、鲤鱼跳龙门等二十多种（图7-2、图7-3）。随着壮锦生产的集体化和生产发展的需要，他

图 7-1　壮锦

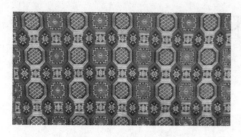

图7-2　蟒龙纹壮锦

图7-3　寿字花纹壮锦

图7-4　五彩花纹壮锦

们培养了图案设计人员，在整理传统图案纹样的基础上进行革新和创作。近年来，出现了不少新的壮锦图案，有如朵朵葵花向太阳、民族大团结、粮棉丰收、农林牧副渔、放牧、绿化、桂林山水、革命圣地等八十多种，使壮锦图案更加丰富多彩。

在壮锦图案中，几何形骨骼占据很重要的位置。骨骼以十字、回纹、水纹、云纹及各种小花连续排列组成。一种是以四方连续纹样做地纹，上边布置各种散点纹样，锦面匀称、安定，宾主分明，由于地纹的衬托，加之暗地亮花或浅地深花，使主题更加鲜明突出、生动活泼，适于表现主题性的内容。如团龙飞凤、狮子滚球、四宝围篮等都是这种形式。另一种是几何骨架内安以相应纹样的组织，统一而有变化、结构严谨，而且有优美的韵律感。由于工艺制作的关系，骨架内大多用装饰性纹样，也可安以由点、线、面组成的几何纹样，或丰富多彩的自然形象，也有3种纹样穿插用于一幅的，传统纹样中的五彩花（图7-4）、红棉锦等就是这种组织形式的代表。

单独以由字纹、回纹、水纹、云纹等为主体四方连续组成的图案，造型简单、结构严谨、素稚大方，适合于大面积的装饰，如卍字被面等就属于这类组织形式。

有主题的图案布置，一般是主体内容居中，多见于鸟类、走兽和风景，花卉、人物也有。多数有方向性，并留有一定空间，其本身就是一幅美丽的图画，在两边或上下左右用二方连续纹样组成花边装饰，以衬托主题，组成一幅完美的图案。如双凤、鸳鸯、熊猫、桂林山水等挂色或锦屏图案。

在处理大面积的地纹或形象时，因织物组织结构的关系，隔3～5根纱需有一根压线，以解决牢度问题。如处理得当，不仅不会影响锦面的艺术效果，反而可以用压线组成水纹、地纹、云纹等，增添美感，还能表现出各种对象的动势以及生长规律，同时亦可用小的图案纹样代替压线，既增强了牢度，又能起到装饰作用。

壮锦图案的纹样造型简练概括、生动健康、朴实大方。几何形多用于地纹或骨架，形象简朴、结构严谨，由于线条的粗细、疏密、曲直、长短、方向等方面的变化和交互运用，如十字、回纹、水纹、云纹等，形式多样，具有强烈的韵律感。也有用点、线、面组成的相应纹样，安置在适合的骨架内，也可四方连续组成锦面或用于花边装饰等，如八星锦等图案，这类纹样一般较小。

自然纹样，是根据自然形象的特征，经过加工提炼，既接近自然物体，又不拘于自然形态。这类纹样多用于地纹上的自由花或主题性锦物上，不受地纹的限制，使主题突出，使锦面显得活泼生动，如龙凤锦和狮子滚球锦中的龙、凤、狮子，以及鸳鸯锦、熊猫锦中的纹样等。

装饰纹样，是把自然物象加以高度概括，大胆变形，其与对象有较大区别，界于几何形与自然形之间，比几何形显得活泼，比自然形规律性强，装饰味浓，十分简练生动，富于含蓄，耐人寻味。其是壮锦图案中被大量应用的一类纹样，也可以说是壮锦纹样的主体。如桂林象山、桂林花桥等风景锦屏的画面，以及双飞凤锦、莲花锦、五彩花锦、花鱼锦中的纹样。

壮锦图案的配色，既有五彩缤纷的强烈对比色调，又有素雅大方的调和色调；既有浅地深花，也有暗地亮花。总的特征是用色大胆、简练概括，色调强烈响亮、古艳厚重、斑斓多彩，对比中有调和，素雅中见多彩，花而不俗，素而不单。壮锦用色一般不受自然色彩的限制，把丰富多彩的大自然中的色相，经过提炼、概括、夸张甚至变色，加强其图案的装饰效果，使形象特征鲜明突出，使锦面更加活跃，呈现出五彩绚丽的景象。如桂花锦被面，在蔚蓝底和绿叶的色调地纹中，相间地布上橘红、米黄和粉红色的簇簇桂花，虽然只用了少量的对比色，但整个锦面斑斓多彩、闪闪发光，异常艳丽；四季菠萝锦被面，在黑地上布满嫩绿色的骨架和叶子，黑绿色调上的菠萝及花间用淡黄、粉红、玫瑰红、橘红点缀，使锦面丰富多彩、非常活跃；五彩花锦在暗绿的地纹上直接用水绿、湖蓝、玫瑰红等色，突破了红花绿叶的常规；龙凤锦中大胆地用大红或鲜绿颜色的鱼，在整个锦面中显得十分简洁明快、鲜明突出、生动活泼。

壮锦用对比色较多，包括色相、深浅、明暗、寒暖、色块大小等对比，都比较强烈。但由于巧妙而恰当地运用了中间色作过渡，具有既对比强烈又调和统一的艺术效果。如鸳鸯挂包中的鸳鸯，用鲜明的橙色，放在布满湖蓝水纹的蓝灰地纹上，呈现强烈的对比，使主题鲜明突出，而莲花和花边用浅黄绿色过渡，使整个锦面又很协调统一；飞凤锦中的凤，普蓝身躯、鲜绿和水绿的翅膀、淡黄的冠，衬以大红的底纹，色与色之间互相制约而又互相补充、互相衬托。万字夹梅锦，在大红与深绿交织的底纹上，相间配置着桃红、粉红、淡黄等色，深浅、明暗、寒暖交错运用，互相衬托，异常艳丽；熊猫锦中的熊猫，黑白对比明显，加以朱红底纹，主题更加突出，再配置假金色的竹叶，使锦面丰富、活跃。不论是深地亮花，如蝴蝶穿花锦、万字夹花锦等，或是浅地深花，如四宝围篮锦、五彩花锦等，都是运用明暗对比的手法，使主题鲜明突出，整个锦面显得斑斓绚丽，和谐统一。

二、瑶锦

瑶锦是瑶族人民杰出的工艺美术品，世代相传，极为盛行。早在《后汉书》中就有瑶族祖先"好五色衣服"的记载，以后很多书籍都说瑶族人民"椎发跣足，衣斑斓布"。而织、绣两种瑶锦正是瑶族服装的主要服饰。织锦是由棉线和丝绒染成各色织制，构图奔放，气势雄伟，造型简练，色彩强烈；绣锦系手工绣制，工艺精细，美观大方，牢固耐用（图7-5）。

瑶族织锦的内容多为自然景物，用各种几何图形和富于象征性的形体，以对称、均衡等形式，组成各种图案。线条粗壮雄健，色彩对比强烈。由于各族居住环境、性格爱好及织锦用途的不同，各地瑶锦在图案纹样的造型、组织结构、用色等方面都形成了各自的特点。一般居住在深山峻岭的瑶族人民，织锦纹样多由三角形、菱形、方形等几何形象组成，间以红、橙、黄、绿、蓝、黑、白等强烈对比色，形成万山重叠、峻峰突起、绵延千里的雄伟气魄。也有些族系的织锦以几何形的蝴蝶和花卉组成连续图案纹样，以条状排列，白地蓝花，间以土红、灰绿等沉着纯朴的色调，素雅而和谐。服饰织锦，一般以黑白纱为主，间以朱红、群青、深绿等色的丝绒或丝线织成，色彩浓重古艳，图案结构多为菱形和波折状的骨架，中间安以适合纹样，传统的纹样有龙、四角花、角花等十多种。图案的纹样严谨、匀称、细密，色彩主次分明，远观有大的色块，近看有细致的花纹（图7-6、图7-7）。

绣锦，一般有小花、龙、双面锯等内容，其处理手法是吸收自然物象的特征，是经高度概括了的几何纹样。小花绣锦的形式是以菱形为骨架，在中间或四个角内绣上各种式样的花纹；龙绣锦的形式是以龙头、龙身、龙鳍组成的图案，龙头有龙眼和眼角，龙身有龙鳞。

绣锦运用强烈的对比色，冷暖色相间、轻重色互补。同一色阶的红或蓝、绿、黄等，一般不连在一起，中间以一对比色隔开；绿、蓝、紫等相邻色彩的运用，从色阶上也要拉开一定的距离。这样，锦面鲜明，

图7-5　瑶锦

图 7-6 瑶族织锦背带

图 7-7 瑶族白布挑花背带心

形成艳丽夺目、五彩缤纷的艺术效果。同时在配色时非常讲究色调，每幅锦面都有一个主调，只用少量的对比色，虽然对比强烈，但花而不乱，如红主调多配绿色和蓝色、绿主调多配白色、蓝色、黄色等。红色表示喜悦，绿色、黄色表示哀忧，这是瑶族在色彩感情上的特有传统。如生第一个孩子后，用的绣锦背带心是大红色，如果家中有丧事，背带心则改用绿色或黄色，与沿海地区使用黑色或白色迥然不同。

三、苗锦

苗锦用五彩丝绒，历史上也曾用木棉和麻纤维织制而成，历史悠久，技艺精湛，是工艺美术百花园中一枝悦目的花朵。题材内容、艺术处理、色彩运用等方面都有其鲜明的民族特点（图 7-8）。

图 7-8 苗锦

苗族织锦在广西大苗山地区十分流行，那里每家都有一台木制织锦机。妙龄姑娘会准备一两个苗锦背包送给情郎作为定情信物，还必须自制或由母亲代劳织几床锦被面作为嫁妆（图 7-9 ~ 图 7-11）。

苗锦的题材内容非常广泛，苗族劳动妇女把生活周围的物象，如繁茂的花果、清秀的风景、多姿的鸟兽等，都反映在锦面上。看到各种精彩的苗锦就能想到苗族地区山清水秀、松苍竹翠、鲜花盛开、百果丰硕、异鸟齐鸣的优美环境，真可谓艺术的花园。苗锦常用的纹样有鹅颈花、鹅翅花、牛牙花、狗爪花、人花、鸟花、鱼花、蜂窝花、蜂仔花、蝴蝶花、勾虫花、谷穗花、豆花、梨花、锁花、金赛花、四角花等。这些纹样反映出苗族人民对生活充满了乐观情绪，对未来充满着希望和热忱，如人花是对人的歌颂，

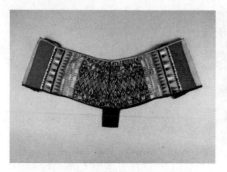
图 7-9　苗族黑布织锦背带

图 7-10　苗族花蝶纹织锦背带心

图 7-11　苗族飞鸟图
案苗锦绒被面

谷穗花、豆花等表现了对丰收的喜悦心情，蝴蝶花象征着美好的爱情和对和平生活的向往，寿字双喜显示着对幸福的祈求等。随着苗族与壮、汉等各族人民交往增多，各族艺术对苗锦产生一定影响，某些图案纹样如如意、雷纹、龙、金钱花等也为苗族所采用。但这些纹样在苗锦图案中没有被当作主题来表现，只是作为陪衬和花边装饰。据苗锦艺人讲，苗锦的传统式样没有边饰，是后来吸收了外族工艺才发展起来的。苗锦图案在漫长的发展进程中，既吸收了兄弟民族工艺的营养，又保持着本民族的传统风格和特点，这对于工艺美术创作来说是极其宝贵的经验。

　　苗族人民把生活中所喜爱的丰富多彩的物象，经过高度的概括、夸张、变形等艺术处理，凝练成由点、线、面组成的，极为简练生动、形神兼备的几何纹样或装饰纹样，造型简洁矫健，使苗锦图案达到了相当高的艺术境界。苗锦图案的结构主要是由直线和折线以及点和面的组合而形成的，一种是"之"字形的二方连续组合，另一种是菱形的四方连续组合。各个单位纹样之间，或以直线相连，或以回纹相间，布局大方严谨，节奏感强。从图案的结构和排列形式来看，大致可分为大花锦和小花锦两大类。

　　大花锦流行甚广，是苗锦的主体。其构图形式主要由二方连续图案组成，用曲折线构成主要骨架，在骨架内安以适合纹样作为图案的主花，然后在某些空隙填上齿状线和小花作为客体或陪衬，这样便主题突出、宾主分明。由于以直线和曲线相结合，连续运用，所以既规则又活泼，韵律感强。大花锦多用鹅颈花、牛牙花、勾虫花、角花、人花、鸟花、鹅翅花等，花的面积大，主要用于被面、床毯、背带心等。

　　小花锦主要以直线组成的斜着排列的菱形格子为骨架，在骨架里挑织各种各样的图案。菱形格子是多种多样的，在格子上还可以加上不同的骨架，故显得丰富、严谨、大方。另外还有一种，以大方形为单独的骨架，中间安以适合的花纹，上下左右连续运用，空地再加上一些小花。小花锦多用四旋的狗爪花、蜂窝花、蜂仔花、豆花、谷穗花、梨花、蝴蝶花、金赛花、四角花等，多用于被面、背带心、书包、猎袋以及作为某种饰物的角隅花。

传统的苗锦，一般只织主要部分。现在许多织锦艺人还在主题图案周围织上若干从兄弟民族工艺美术品中吸收来的新纹样，如寿字、双喜、雷纹、自然花等，作为主题的陪衬，这种纹样一般组织松软，用在四周，好似美丽的锦面装潢，分外醒目。

苗锦的色彩，具有独特的风格。苗族人民喜用桃红、粉绿、湖蓝、青紫等色，尤擅以黑白与各色相间，以黑白纱线构成图案的主要骨架，显得对比强烈，瑰丽多彩。常用的色彩还有青莲、鲜绿、鲜蓝、大红、朱红、橘红、玫瑰红、黄等。在具体配色上，一般是红配绿或蓝，青莲配绿或天蓝，黄绿间用，同类色间隔运用。而是这些颜色多半是亮色，但由于有黑色骨架布满整个锦面，类似中国画中墨的作用，又在许多图案的边缘留白，因而整个锦面呈现得绚丽、明洁、灿烂悦目，既有强烈的对比关系，又很调和统一，鲜而不跳。苗锦用色讲究，注意整幅锦面的调子，一般在一件作品中都有一个主调。如以鲜蓝、鲜绿、青莲为主形成蓝绿色青翠愉快的调子，再用少量的黄、红等强烈对比色点睛，使锦面显得特别活跃新鲜。在具体纹样的用色上非常大胆，完全不受自然色彩的限制，会根据整幅图案的色彩效果和创作意图大胆变色。苗锦艺人说："苗锦纹样中的黑表示山沟，浅色象征山峰，白色表示水，绿色是林木，红黄是花卉谷穗等。"这也表现出苗族人民对生活的热爱和其纯朴的思想感情。

四、侗锦

侗锦是侗族人民最杰出的一种手工艺品，流传极为广泛，民族特点十分浓厚，在民族织锦中独树一帜。侗锦多以黑白棉线织制，其图案内容丰富，结构严谨，造型淳朴，色调雅致。

侗锦按布纹纱路的走向，以提挑和穿梭引线织成。一般每幅40～50厘米，数幅连缝而成一床毯子。其图案呈方形、菱形、米字形、十字形、万字形、人字形，以及花、鸟、鱼、蜘蛛等，形象惟妙惟肖、栩栩如生（图7-12～图7-14）。

侗锦的题材内容多源于他们日常生活中最为亲切的东西。勤劳智慧的侗族妇女，巧妙地把日常生活中所遇到的一切物象织在锦面上，如桃李、木耳、卷藤、枫叶、苍鹰、乌鸦、蝴蝶、青蛙等，以及村头的桥梁、寨中的鼓楼、妇女戴的耳环、

图7-12 侗族白地线织侗锦巾

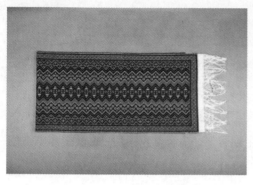

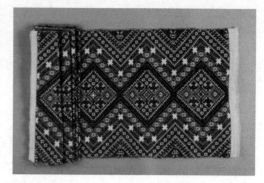

图 7-13　侗族鱼纹侗锦　　　　　　　　　　　图 7-14　侗族花鸟纹侗锦

节日挂的灯笼，和日常用的铜锁、筛子、梳子、扇子等，都被变化成简练别致的图案纹样用在侗锦上。此外，她们还创造了反映打猎生活的"两人一狗""人骑马""人鹰结合"等图形，充分反映了侗族人民的生活以及他们和自然做斗争的英勇行为，是侗锦纹样的进一步发展。据不完全统计，侗锦沿用的纹样有六七十种。

侗锦图案以几何形为主体，一般以波状的直线几何形为骨架，纵向安以自然形体变成的几何纹样。民间艺人在长年累月的劳动和创作中，把复杂的自然形象洗练得简括而又生动，既对称又有变化，又能在变化中统一、结合织物的特点，把形象变化成几何图案，重重叠叠、反反复复地排列组成二方连续或四方连续图案。布局有主、有次，有疏、有密，有粗、有细。作为衬托的边缘部分的纹样，与中间主体部分的图案相呼应，显得主次分明，繁而不乱，富有节奏感，给人以一种稳定、整齐、愉快之感。其分为大花织锦、小花织锦和彩色织锦，在构图形式上亦有所区别。

大花织锦，以床毯为例，由于侗锦织机幅宽有限，一般能织一尺多。所以，床毯或被面多为三幅拼合而成。其图案的构成，一般是以每幅的中心线为基点，排列适当数量由自然物象提炼而成的较大的几何形单独纹样，多为菱形，其周围沿菱形的边缘布置一些小的图案纹样，连成波状花边。再以每个单独纹样分界线与门幅边缘的交点为中心，安排一个次于中间单独纹样的半边的单独纹样与相邻一幅的半边拼合成为完整的纹样。这样，待三幅拼起来便可成为两种大小不同的纹样和许多小型图案相间排列的整幅侗锦。大花织锦一般都是以一幅的中心直线为轴，左右两边对称，也有个别的以均衡形式出现，这种形式最突出的特点是图案富于变化，韵律感强，主次分明。

小花织锦，一般由几条相对应的折线组成骨架，在骨架内安以几何形的单独纹样，整个锦面都以四方连续的形式排列。小花织锦的特点是单位纹样小，反复多，布置均匀，主次区别不大。

彩色织锦，其构图形式也是在波状的直线几何骨架中安以单独的几何纹样，但它是二方连续的。在两边，多有直条的色线作边；在最中间，以一条直线为轴，轴的两边是对称的纹样。中间的花纹部分为主体，旁边直线为陪衬，使主题更加突出。

此外，有的侗锦根本不用几何直线条做骨架，而是将若干个相同或不相同的单独纹样以四方连续的形式布置在锦面上，还有的采取织锦带的挑织方法，用蓝、黑、白三种棉线织成条状的床毯等物。

侗锦从色彩上分为黑白和彩色两大类。黑白侗锦，多为黑白二色经纬纱交织而成，也有的用土红、枣红、大红、粉红、紫红、肉色、黄绿、深蓝、浅蓝等色的纱线与白经纱交织。这类侗锦，每件作品虽然只用二色棉线织成，但由于图案的结构、纹样的造型和大小、点线面的结合以及地纹的压点等，使织出的锦面出现黑、白和各种深浅程度不同的灰面。所以，黑白侗锦并无单调之感。除具有色调和谐统一、清晰醒目、典雅别致、古朴大方等特点之外，黑白灰色彩也很丰富。此外，这类侗锦也有少数在黑白或某色与白的基础上，加用一两个颜色，如淡红、粉红等，但都是少量的，这样既保持了朴素大方的传统特点，又丰富了侗锦的色彩。

彩色侗锦，一般是以黑、蓝等深色或白色为底色，提花常用色彩有黑、白、水红、草绿、群青、湖蓝、洋红、粉绿以及橘黄、大红等。锦面比较富丽，但用色比较浅，而且两色相接处交错使用，逐步过渡，因而不像壮锦、苗锦那样强烈。几何形骨架一般都用一个颜色，深底的几乎都用白色，而浅底的则用其他颜色。在整个较淡雅的鲜明色调中，往往有一两个突出的用黑、蓝等深色的花纹，起到点睛提神的作用，显得很新颖。这种彩锦，一般为条状，5厘米左右宽，长度不限，有的甚至更窄，亦被叫作织彩带。彩色侗锦总的特点是比较华丽，用色冷暖结合，富于节奏感。

第二节 织布的面料艺术

一、服装织布材料的类别

20世纪以前，广西瑶族服装所用材料主要为天然的植物纤维和动物纤维。

（一）树皮

秦汉时期，瑶族先民就利用树皮制作可穿的衣物。《后汉书·南蛮西南夷列传》所载：瑶族"织绩木皮，染以草实，好五色衣服"。布努瑶《密洛陀》古歌中也有记载："啊也——嘿！六姐更忙不开，天天把树皮刮来。皮丝搓成细线，细线织成布条。把布拿去染，花开在布面。六姐乐开怀，又把布裁。缝了二十四件上衣，做了二十四件裤裙。剪了二十四张头巾，钉了二十四双鞋子。"但是，史籍上尚无记载如何制作树皮衣，用哪种树木的皮做衣服也无史籍可考。"据调查，20世纪50年代在大瑶山的原始森林中，还有十多种野生树的内皮可作纤维之用。如山棉皮，叶大如指，皮质坚韧细致，是制作蜡纸的原料；九层皮树，又名千层皮，伐木取内皮，置冷水中浸泡，晾干后再加热煮软，煮后再经漂洗，即成质地洁白而细致的纤维，其坚韧程度，比之苎麻似无逊色；谷树，又名沙皮，过去金秀的茶山瑶即取其树皮自制砂纸，其内皮也可以当纤维麻用。"由此可见，在半个世纪之前，瑶山腹地尚存利用树皮制作日用品的痕迹，但是也非利用其做衣用材料。故树皮衣也仅存于历史和古歌中，现实中已经无迹可寻。

（二）蕉

蕉，也称蕉麻，属芭蕉科。历史记载中有用蕉做布的技术：唐宋期间，广西产的蕉布是非常著名的，白居易有"蕉叶题诗咏""蕉纱暑服轻"的诗句，宋应星有"取芭蕉皮析缉为之，轻细之甚"的记载，《岭外代答·卷八·花木门》记载："水蕉水蕉，不结实，南人取之为麻缕，片干灰煮，用以织缉。"直到清代，居住在广西境内的瑶族仍有人以蕉为布，"服用蕉葛"。广西荔浦县蒲芦瑶族乡《唱盘王出世》歌载："起计盘王先起计，初撒蒙麻叶带花，苎麻细小变成茅，蕉系细细变成条。起计盘王先起计，盘王起计在高机，斗得高机织细布，布面又雕李柳花。苎麻缉细高收织，初发苎麻叶带花，着茅盘王先着茅，儿孙世代绣罗衣。"但是这种蕉布，今天在瑶族地区已绝迹。

（三）竹

竹的用途极广。用竹子可以制作纺织原料和器具，早在东汉时期，岭南地区的古人就已经使用竹子做的布了。岭南大部分地区的土壤与气候都适合竹的生长。瑶族进入岭南后，在与当地少数民族长期的共同生活实践与交流中，学会了利用竹纤维织布制作衣裳，"据唐人李吉甫《元和郡县志》记载，当时广西贺州出产的竹布因质量特别好，还被列为贡品。"从历史记载来看，相比其他植物纤维，广西瑶族利用竹纤维做衣用材料还是较少的。

（四）麻

"广西少数民族利用大麻和苎麻织布制衣的历史也是比较早的。中华人民共和国成立后，在平乐银山岭战国墓出土了一些纺织得很细的麻布，贵县罗泊湾汉墓也出土了麻布鞋、麻布袜等。"宋人周去非《岭外代答·卷六·服用门》记载说："邕州左右江溪峒地产苎麻。洁白细薄而长，土人择其尤细长者为练子。暑衣之，清凉离汗者也……有花纹者，为花练，一端长四丈余。而重止数十钱。卷而入之小竹筒。尚有余地。以染真红。尤易着色。"说明宋代时候，广西地区制作麻布衣服的技术已很成熟，麻料吸湿散热、轻薄、易染色、不易褪色，成为夏天常用的服饰面料。瑶族使用苎麻制作服饰的时间也比较早，据郑德宏整理译释，湖南少数民族古籍办公室主编的瑶族民间古籍《盘王大歌》记载："早在盘王时期，瑶族就会用苎麻制作服饰。"

（五）棉

棉花的原产地是印度和阿拉伯，在传入中国之前，中国只有可供充填枕褥的木棉，没有可以织布的棉花。大约到了汉代，居住在岭南的少数民族就已知道用木棉织布。唐代诗人白居易有《新制布裘》诗："桂布白似雪，吴绵软于云"，又有"吴绵细软桂布密，柔如狐腋白似云"之句，可见桂布以色白著称。唐代桂林地区出产的棉布——桂布，为桂林地区的名贵特产织物。宋人周去非《岭外代答》载："吉贝木，如低小桑枝，萼类芙蓉，花之心叶皆细茸，絮长半寸许，宛如柳绵。有黑子数十，南人取其茸絮，以铁箸碾去其子，即以手握茸就纺，不烦缉绩，以之为布，最为坚善。"

可见当时是用木棉的纤维做纺织材料。在宋末元初，棉花大量传入内地，唐宋之后，瑶族不断向南迁徙，广西的静江府、梧州、贺州、全州、郁林州、平州、融州、宜州、南丹州都有瑶族分布。其纺织的瑶斑布，以质好色艳著称，以其作缉，五彩斑斓。广西南丹白裤瑶的纺织材料来源从神话传说故事中也有所体现："在远古时期，发生过一次洪水，地上居民都被洪水荡尽，只留下兄妹二人。他俩为了繁衍后代，商量结果，二人便结了婚……饭有的吃了，却没有衣服穿，又拿芭蕉叶做衣服。芭蕉叶做衣服容易烂，一天要换五十回。兄妹二人又在唉声叹气，又被老鼠听见了，就跑来对他俩说：'你们没有衣穿，我愿意帮忙去找谷种。'兄妹听了，非常欢喜。老鼠又到海边找到了鸭子，两个又一同渡到海那边去找棉种，找回棉种送给他们。于是他们种了棉花，从此人们就有了衣服。"

元代著名的棉纺织家黄道婆为棉纺织技术的推广和传播做出了重大贡献，促进了棉纺织业的发展。此后棉花逐渐成为广西少数民族主要的衣用纤维。

（六）蚕丝

历史上广西瑶族服饰材料用的动物纤维主要指的是桑蚕丝。虽然史籍上常记载说，居住在广西的瑶族与其他少数民族"无桑蚕，绩蕉、葛以为布"，但《岭外代答·服用门》

记："广西亦有蚕桑，但不多耳，得茧不能为丝，煮之以灰水中，引以成缕，以之织绸，其色虽暗，而特宜于衣。"说明历史上还是有瑶族使用蚕丝的，但是蚕丝主要是用来做丝线，以丝线来绣花和织锦用，产量也没有棉多。

可以说在很长的一段历史时期内，瑶族人民使用野生植物纤维如蕉、竹、木、麻等作为制作服装的材料，这得益于唐宋以后瑶族人民主要居住在五岭南北，这里草木茂盛，气候温润，植物种类丰富。漫山遍野的蕉、竹、木、麻等资源取之不尽、用之不竭。所以，这些材料成为他们最初选择的衣用材料。而后随着棉纺的普及，棉花良好的舒适性和保暖性让其逐渐取代葛、麻等植物纤维成了广西瑶族人民喜爱的衣用材料来源。

二、服装织布材料的变化和发展经历

直到 20 世纪 50 年代，广西瑶族都还有人种植苎麻，用来制作服饰。每年三四月，人们将麻从山上割回来处理好后，就将麻线上机，一边织麻，一边唱《纺麻歌》，而如今在广西瑶族地区几乎不见有人用麻织布了。

20 世纪上半叶，棉花依旧是广西瑶族服装材料的最主要来源。广西很多瑶族地区仍然种植棉花用于服装面料的织造。比如，"富川大围村户户都种棉花，最高亩产 10 多斤，最多的户每年有 20～30 斤，少的有 4～5 斤。多是自用，如纺纱、织布，打棉线、做鞋底等，由种棉到成衣，全由妇女负责。"恭城县三江乡"经济作物：棉花有细绒棉、粗绒棉。"都安三只羊乡，纺织是这里较为盛行的一种家庭手工业，很多人家都种棉花，妇女利用自己种植的棉花自染自织，缝成衣服，满足自己家庭成员的需要。南丹，"至于棉花，在瑶胞居住的地方，普遍种植。"

但是随着时代的发展，洋纱的进入和民间贸易的增加等原因导致棉花的种植在广西瑶族地区逐渐减少。例如，"种棉、纺纱、织布，过去是茶山瑶、花蓝瑶和坳瑶的家庭必不可少的生产活动。近七八十年来，却日渐减少了。到了解放初期，仅有花蓝瑶和坳瑶还在继续着，但数量上已经微乎其微了。家庭人手多的，每年的产量至多仅能供一两套衣服原料之用。而且坳瑶已不是每家都种棉，只有花蓝瑶种的人还比较多些。瑶族逐渐少种棉花的原因：第一，种棉技术差，费力多而收获少，别的生产活动比较忙，要多种就忙不过来，或者反而耽误别的农事；第二，自从山外的洋纱布进入瑶山后，布质匀细，要比家织布好得多，大家都喜欢用它，尤其是青年人；第三，瑶山土特产销路较畅，售价较高，经营土特产的收入比种棉的收入要高得多，与其费劳力去种棉，不如经营别的土特产来得合算。"还有都安瑶族地区的情况也很典型："自 1840 年以后，大批洋货进口，这种情况不能不影响到三只羊乡，家庭手工业也自然地发生一定程度的变化。约在 40 年前，洋纱经宜山县（今宜州市）龙头圩输入了三只羊，于是织布的原料也逐渐由过去全用土纱变为洋土并用，有的是以洋纱作经线，土纱作纬线，但也有直到 20 世纪 50 年代仍然全部用土纱织布的。洋布在三只羊乡不为广大农民所欢迎，只有一些地主、富农才用洋布缝衣。到中华人民共和国成立以前，有织布机的人家所织成的布已经不能完全满足自己的需要了，而不得不依赖市场补足。"茶山瑶的"历史故事歌中有一句'卖出香菇和杉木，得钱买得大粗布'的贸易关系，可能是清朝初年开始的"。到了 20 世纪，"香草有了销路，而且产量日渐增多，瑶族不再种棉织布了。因此，需要山外供给布匹的数量也日渐增多。"

　　人造纤维以耐磨、光滑、轻薄、透明、易洗、快干的特点和价格优势抢占城镇市场，而后又流向瑶族聚居的山寨，逐步取代机织棉布，成为瑶族青年服饰的主要面料。而且随着经济的发展，广西瑶族地区的经济也迅速发展，瑶族人民对生活的要求也随之提高。经济富裕的瑶族地区的人们更愿意买柔软、防缩、防皱、富有光泽的服饰面料，优质的高档面料越来越受欢迎。

　　由此可见，在社会经济高速发展的今天，广西少数民族地区的经济结构也跟着发生了改变。天然植物纤维棉花虽然仍是很好的衣用材料，但是因为种植时间过久，收获以后还需要手工织成布匹，费时费力，加上经济发展后瑶族人民的购买力增强，与瑶区外的商贸往来增加，以及人造纤维织造出的面料具有更加柔软光泽、防缩抗皱和价格便宜等优点，人们更愿意选择化学纤维织造的布匹作为服装面料。所以，今后的发展趋势将是化学纤维取代天然纤维成为广西瑶族人民首选的服装材料来源。

三、广西民族服装织布面料的使用情况

　　现代服装材料一般由面料和辅料组成，辅料一般包括里料、衬料、填充料等，而传统的瑶族服装是单层服装，所以它的衣料属于面料，辅料一般主要是缝纫线。如今广西瑶族人民制作民族服装所用的线主要是购买的，有手工用的棉线也有缝机用的缝纫线。故辅料在广西瑶族服饰中所占的比例很小。

　　在棉纺织业进入瑶族地区后，广西瑶族的服装面料就主要是天然的植物纤维棉花纺织成的土布了。在很长一段时间内，广西瑶族人民都是自种、自纺、自织服装面料——棉布的。广西南丹地区有这样的歌谣："棉花自己种，纱是自己纺，布是自己织，衣服也是自己缝……好衣自己老婆做，出门我说不怕丑，没食没穿总是愁，虽然偶遇到丰收，吃到肚里没人见，有件新衣就不贱。"半个世纪之前，广西一些瑶族地区的家庭纺织业还是很兴盛的。

　　例如，富川的瑶族地区"柳家源约有 60% 的人家有织布机，全是高机。凡是有织布

机的都自种棉花，自纺自织，纺织工作也全由妇女进行。织出的布幅1.2～1.4尺，每人每天能织1.8尺，最少的也能织1丈。织布时间多在正月、腊月或雨天。有个别的人织成布后到古城、富阳售卖，每年最多卖出5～6丈，卖布的收入主要用于买油盐。柳家源织布的虽多，但却没有人到外地帮人家织布，原因一方面是当地织布的技术不高，另一方面，种棉花的人自己家里也有人织布，至于没有种棉花的人则到市场上购买棉布。"都安三只羊乡，"纺织是这里较为盛行的一种家庭手工业。很多人家都种棉花，妇女利用自己种植的棉花自染自织，缝成衣服，供自己家庭成员的需要。有些村屯织布机较为普遍，如龙英村的加松、龙那，花洲村的上荣等村屯有织布机的人家占50%～70%，而有纺车的人家则更多。织布机与纺车本地能自制，但技术较壮、汉地区落后，绝大多数使用穿梭而无拉梭，但技术好的妇女每天也能织出宽1尺、长2丈5尺的布一匹。每年阴历八九月后，农事较闲，妇女即多从事纺织工作，男子则专从事农业生产和其他劳动，过着男耕女织的生活。置有织布机的人家所织的布匹，基本上能满足自家的需要，很少有依赖市场供给的现象。纵然是自家没有织布机，但也大多用自己的纺车纺纱织线，向邻居借用织布机织布，供给自己家庭成员的需要，只是在农事很忙、来不及织布之时才用自纺的土纱到市场上换回布匹缝制衣服。"

　　但是有一些壮族、汉族和瑶族杂居的地区，瑶族人不会织布，就需要向壮族或者汉族人买或换布来为自己缝制衣物。例如西林县那兵乡蓝靛瑶，"壮族之所以不种棉花是因为他们认为种棉花费工多，而收入少。瑶族种了棉花自己不会纺纱织布，都是将收得的籽棉交给壮族人家去纺织，织成布后双方对半分布"。巴马甘长乡"瑶族穿的深蓝色粗布，有的是自种棉花，自己纺织而成。20世纪50年代前瑶族妇女只有少数人会织布，不会织布的以工向壮族换布。其后，瑶族妇女会织布的渐多，有些青年男女已买机布做衣。"富川地区"过山瑶地区，绝大多数的人家都不种棉花，穿衣用布多到富阳购买。洋冲村虽然几乎家家种棉，但收入最多的只3～4斤，一般的只有1斤或几两，穿衣所用的布多靠买进棉花纺纱织布。他们将买进的棉花请汉人弹好后，搓成约1尺长的棉条，再由妇女纺纱。纺纱多在雨天或农闲时进行，青年妇女每天只能纺1两，技术较熟练的也只能纺出1两5钱。纺出的纱并不出卖，全部自用织布。"当时的土布质厚耐用，深受瑶族人民的欢迎，只有有钱的人家才去购买洋布。

　　但是，随着时代的发展，20世纪90年代以后，涤纶等人造纤维做成的面料逐渐成为广西瑶族人民制作服装的首选面料。因为相对于手工纺织的土布，这些面料很方便就可以购买到，不用再费工费时地去纺纱织布，而且这些面料更耐脏、柔软、抗皱。这些优点成为广西瑶族人民选择其作为服装面料的主要原因。而近几年，崇尚返璞归真又成为新的潮流，手工纺织的土布因其面料自然舒适，更贴合人体，与当代人绿色环保的理念不谋而合，故而又有很多人重新喜爱穿着天然植物纤维面料制作的服装。广西瑶族也仍然有人在继续用古老的纺织器具制作服装用的面料。

第三节　亮布的面料艺术

唐代李廷寿曾在《北史·僚传》记载："僚人能为细布，色致鲜净。"描写的就是苗侗世代相传的常用面料亮布。

在苗族、侗族的日常生活中，亮布被广泛应用于服饰、饰品、祭祀、礼仪等方方面面，尤其在礼尚往来中，送一批亮布作为礼物显得十分厚重和珍贵。用亮布制成的苗衣、侗衣，其样式虽不如苗族衣饰纹路那样繁杂，却洋溢着极简之美，透出一种现代感和时尚感。

在侗族人的服饰中，亮布还经常与织锦、刺绣搭配在一起，用来装饰衣领、袖口、披肩、背带、头帕等部位，也被应用在床单、被面等床上用品上。在泛着高贵紫色金属光泽的面料上，绣上丰富多彩的动物图案或图腾，通过艺术提炼，那些或具体或抽象的形象充满浓郁的民族情感和自然气息，极具艺术表现力。

一、侗族亮布

在侗族地区，有一种制作工艺繁复的青紫色布料，人们称为侗布，布纹紧密，结实耐用，主要以蓝靛为染料，染成浅蓝色、靛青色等。人们又把那些经过靛蓝染色，表面经过一系列的特殊处理从而形成金属质感涂层的侗布称为"亮布"或者"蛋浆布"（图7-15）。两者的本质区别是在显微镜的观察下，亮布的表面除了有蓝靛和棉布成分外，还有一层蛋白质涂层。亮布是侗族印染纺织品中的上乘之作，由于其色泽、质地、工艺一点也不亚于刺绣和织锦，因此深受侗族人民的喜爱。亮布的用途也十分广泛，从肚兜到外衣，从头帕绑腿到定情信物以及祭祀物品，应有尽有。亮布的制作极其复杂，每匹布都要经历轧花、纺纱、织布、蓝靛染色、薯莨水

图7-15　侗族亮布

浸泡、上浆、捶打、蒸、晒洗等工艺。

（一）侗族亮布的历史渊源

据文献记载，春秋战国时期的侗族先民就已经发明了葛麻和苎麻，并用其缝制衣服。之后随着技术的发展才开始用棉花纺纱织布，缝制不同款式的服装。侗族亮布是侗族民族服饰文化的重要特征之一，也体现了侗族人民的勤劳与智慧。由于社会的进步，侗族亮布也随着时代的发展而变迁。据记载，北宋时以斑细布、白练布等较为知名，至清代，侗族人自纺自织的"侗锦""侗布"已闻名于世。到20世纪三四十年代，侗族纺织文化出现了质的改变。

（二）侗族亮布的历史文化内涵

1. 遵从自然观念

侗族亮布是侗族人民顺应自然而创造的。由于侗族的祖先多居住在深山密林中，为了躲避野兽以及防水耐脏等，他们就在装饰上考虑和环境色相统一，同时在中国传统文化里，紫色是尊贵的颜色，如北京的故宫又称"紫禁城"，因此侗族亮布以紫色、蓝色、黑色为主色调。这些都体现了侗族人遵从自然的朴素观念。

2. 群体意识

侗族喜欢聚族而居。在历史的长河里，侗族人相互依赖、团结互助，形成了强烈的民族归属感与认同感。侗族的鼓楼、"侗族大歌"等都是其浓厚群体意识的体现。原始部落的群体意识反映在服装的搭配上，大多是主体突出，整体性强。

3. 多神崇拜

侗族与南方许多少数民族一样，信奉"万物有灵"，即对自然与祖先的崇拜。侗族民间信奉的神多为女神，至高无上的是祭祀、集会、芦笙节等都要敬奉和赞颂的女神"萨麻"，汉译为"大祖母"。在侗族的织绣工艺中，妇女们往往爱绣上或织出不同色彩搭配的动植物等，以及各类神话传说的人物形象，幻想其能够帮助人们驱除邪害，以保平安。

二、苗族亮布

繁复美丽的服饰工艺是苗族服饰的一大特色。融水苗族自治县位于广西壮族自治区西北部，是苗族、侗族、壮族混合居住地，服饰差异不大，以苗族服饰为主。独特的蓝靛亮布在融水人民服饰中占据着重要地位，多用于节日、婚嫁等场合。蓝靛亮布有着悠

久的历史，经过苗族妇女的不断实践和发展，其制作工艺日臻完善，为多姿多彩的苗族
服饰增添了一抹亮丽的色彩。

（一）历史沿革

苗族历史悠久，族称古老，受当时社会环境和国家政策的影响，其不断处于迁徙之
中。融水县境内的苗族来源于湖北、湖南等地，自宋代迁徙至今，是县内的早期定居者。
在相当长的历史阶段内，苗族人民运用自己的智慧和勤劳，过着自给自足的生活，在创
造大量物质生产资料的同时也创造了丰富的精神文化。蓝靛亮布制作作为苗族独有的民
间手工艺之一，经过世代传承与发展，与苗民生活息息相关，承载着苗族人民的历史文
化，是苗族人民珍贵的非物质文化遗产。

关于蓝靛亮布的由来，融水县良寨、拱洞等地流传着这样的传说：苗族人民自古以
来能歌善舞，即使在迁徙流浪中也没有放弃对美的向往和追求。由于生产技术的限制，
姑娘们的衣裙材质粗硬，像一块牛皮，跳起舞来，咔嚓咔嚓地响，既不舒适，又影响美
观，使苗族姑娘们很受困扰。三国时期，中原地区纺织业发达。诸葛亮知道了这个事情，
便差人教苗族先民种植蓝靛草并织染衣物。为了使衣服漂亮，经过无数次试验，苗族先
民学会用杨梅树皮为纺织出来的棉布上色，再经过数次捶染，最终使粗硬的布匹变得柔
软，并展现出红里透亮的光泽。姑娘们用染好的布做成衣裙，跳起舞来，轻快飘逸，鲜
艳明亮。闪闪发亮的布料在舞动中为苗族姑娘增添了别样的魅力，蓝靛亮布由此得到了
苗族先民的普遍喜爱，并世代传承下来。

（二）蓝靛亮布的社会功能

苗族蓝靛亮布的制作程序烦琐，工艺复杂，且耗
时较久。自宋代以来，其制作工艺经过苗族妇女的不
断实践和传承发展，形成了一套固定的程序。融水被
称为"百节之乡"，蓝靛亮布不仅适合融水地理生态
环境，为苗族人民日常生活提供了便利，还是苗族人
民精神面貌和审美情趣的展现，其丰富的社会功能使
其在苗族人民服饰文化中占据着重要地位（图7-16）。

1. 审美功能

战国时期墨子认为"食必常饱，然后求美，衣必
常暖，然后求丽；居必常安，然后求乐"。勤劳能干
的苗族人民在相当长的时期内过着自给自足的生活，

图7-16　苗族蓝靛亮布

服饰的审美随着生活水平的提高发展起来。从苗族"好五色衣"的服饰传统中可以看出，苗族是一个追求美的民族。融水境内山高林密，物产丰富，山清水秀的地理环境造就了苗族人民热情、淳朴的性格特征，苗族人民独特的审美意识和审美情趣在服饰文化中有着显著体现。

蓝靛亮布作为服饰工艺的基础，从选材到制作都体现着苗族人民的审美。

首先，取材天然，具有生态美。蓝靛草是亮布的主要染料。天然的蓝靛属于绿色植物，具有一定的药用价值，用来染布，有利于苗族人民的身体健康，是苗族先民利用自然、与自然和谐相处的象征。

其次，色彩美。在服饰中选用色彩进行装饰是人类最原始、最冲动的本能，而色彩的选择也体现着人们的性格特征。苗族人民热情、大方的性格，在蓝靛亮布的色彩选择中有着充分体现。融水苗族蓝靛亮布分蓝黑色和紫红色两种，面料闪闪发亮，蕴含着丰富的美学原理。苗族姑娘能歌善舞，不以含蓄为美。融水节日较多，人们通过坡会等节日进行人际交往和情感交流。苗族姑娘多选用紫红色蓝靛亮布裁剪衣服，颜色鲜亮，以在节日中能够吸引意中人的注意力。

2. 标识功能

服饰是一个民族最为直观的外在表现。苗族是一个没有自己文字的民族，苗族服饰作为苗族历史文化的载体，在日常生活中有着一定的标识作用。蓝靛亮布备受融水苗族人民的喜爱，折射着苗族人民的风俗习惯和生产生活。

首先，蓝靛亮布多用于节日、婚嫁等场合。苗族人民的日常服饰多是蓝黑土布，较为粗糙，蓝靛亮布多用来制作节日盛装和苗族姑娘的嫁衣。

其次，蓝靛亮布是融水苗族人际交往中的馈赠品。苗族人民普遍认为蓝靛亮布做工精细，用来馈赠可以展示姑娘的心灵手巧和聪颖贤惠。

第八章　广西民族服饰工艺制作方法

第一节　织锦的制作方法

广西少数民族织锦技艺是一项历史悠久的传统手工艺，不同的民族文化形成了不同的织锦工艺和风格，其中以壮锦最为著名。壮锦作为一项国家级非物质文化遗产，已经历了近千年的传承，早在汉代时期广西地区就已出现织锦布料，《柳州府志》记载："壮锦各州县出，壮人爱彩，凡衣裙巾被之属，莫不取五色绒杂以织布，为花鸟状，远观颇工巧炫丽。"广西的少数民族织锦技艺品类多样，苗锦、侗锦、瑶锦都别具特色，与壮锦相比织造工艺与原理基本一致，只是织出的图案花纹因不同民族的喜好特色而略有不同。

一、织锦

瑶锦以棉做经，以彩线做纬，采用通经断纬的织造方法。如今广西瑶族的瑶锦织造以龙胜红瑶和富川两个地区保存得较好，而这两个地方的织锦工具及工艺不同，现分别给予介绍。

（一）龙胜红瑶织锦工艺

龙胜红瑶妇女的衣服以玫红色为主，其中一种锦衣（饰衣）由织锦面料制成。过去，红瑶制作锦衣用自己养蚕拉的丝染色后作纬线。改革开放以后，红瑶一般购买毛线做经线，这样方便、成本低，而且很保暖，更适合龙胜高寒山区的天气（图8-1）。

红瑶织锦织机主要由机座、卷经纱

图 8-1　龙胜红瑶织锦工艺

盘头、分经棍、压纱棒、绑腰、卷布轴、纱踩脚、纱吊手、综线、竹筘、打纬刀、挑花尺、分经筒、纬梭等组合而成，织造过程如下。

布线。在地面固定 3 根以上的竹棍，两个间距 5 米左右、高半米的木桩，将纱线来回落在两个木桩上，以织布的宽度决定缠绕多少圈。

穿筘与整经。把布好的经线一端固定在木桩上，另一端拉直准备分经牵线。分好经线后，用竹筘整经，竹筘每个间隔套入两根经线。最后把固定好经线的卷经纱盘头架到机头位置，经线就装机完毕了。

在织机的机头部位有向前伸出去一截木桩，木桩下方垂着一根麻绳，与这一截木桩垂直相接的就是综杆，麻绳与织机下方脚踏绳圈是连接的，利用杠杆原理，操作者脚踏绳圈施力，然后带动木桩往下压、综杆向上提起，这样就可以牵动分经棍控制经线开口与闭合，形成第一个织口，手工艺人坐在坐板上，腰上缠绕绑带，微微后仰施力，进行织锦。

织锦的时候用薄竹片制成的挑花尺按照纹样的要求挑开经线，然后以纬梭把纬线穿过一行，随后竹筘一按，用打纬刀打紧。然后提综线，下层经线升起，再次形成织口，重复之前的打纬过程，完成这一轮的挑织。

红瑶织锦是最简单的两重经织造法，复杂的三重、四重经织造法就是在此基础上形成的。红瑶的织锦机也是比较原始的"腰机"。腰机在《天工开物》中就有记载，是通过织造者的腰力来控制、调节经纱张力的。金秀花蓝瑶织锦的机器和原理和龙胜红瑶相似，只是提综杆的木条架在机架上，比红瑶的高，用一根麻绳连接脚底的长木棍，通过踩踏木棍来提综。

（二）富川平地瑶织锦工艺

富川平地瑶的织机主要分布在富川瑶族自治县福利乡、油沐乡。

福利乡的织锦机机身由机台、机架两部分组成。机台长 150 厘米，宽 70 厘米，高 35 厘米，前端有一块活动坐板，坐板前有固定的卷布轴，中央有一横槽，用以固定机台以及装放梭纬管。机架高 145 厘米，宽 70 厘米，上端设有齿状卷经轴，前梁吊有一根直径为 3 厘米的分经棍，将经纱按奇偶数上下分开，经面与机台约成 30° 角。经纱下面吊有四片花综，用绳子分别与四根踏杆相连，综丝只吊上层经纱。引纬用梭，打纬用的则是竹制梳状、宽 55 厘米的筘。瑶族织锦采用的是经、纬相结合起花的技术，在牵经时将色线按一定的规律排列组合，然后根据花纹图案的提沉起花要求，挑结花本，穿综上机（图 8-2）。

织造时，第一纬织平纹地，利用分经棍形成的自然开口，引纬打纬，第二、第三、第四、第五纬起花。织完第一纬后，依次踩动踏杆，手里牵动花综，将面经拉下来变成底经，从而形成第二、第三、第四、第五次开口，引花纬后进行打纬。第六纬与第一纬一样织平纹地，其余类推。这样五纬一组，不断往复循环。卷布和送经是人工调节的，织到一定程度时便转动齿状卷经轴，放出一段经纱，同时也卷取一段织锦。

图8-2　富川平地瑶织锦工艺

　　这种织锦机和靠近富川的湖南省江华瑶族自治县的平地瑶织锦机一样，比龙胜红瑶的织锦机高一些，织的幅宽更宽，也属于斜腰机类型。龙胜红瑶织锦机织的锦是用来做衣服的，富川平地瑶的织锦机主要织宽幅的锦，可用来做床毯、孩子的褓褓、挎包等。

二、花带

　　花带是一种带状的平面织花手工艺品，属于织锦的一类。我国许多少数民族都有织花带的习惯，瑶族也不例外。这些花带一般用作系腰，或者是头带、肩带和挎包袋的带子。据有关专家的研究，我国古代织机的发展演变大致是原始腰机—斜织机—水平寇机。原始腰机又称踞织机，没有机架，它将经线的一头依次一根根地结在同一根木棍上，另一头则依次结在另一根木棍上并系在腰间，把被两根木棍固定了的经纱绷紧，就可以像编席子一样有条不紊地编结了。从云南晋宁石寨山汉代遗址出土的贮具器上所塑造的原始织机图看，这种织机有上下开启织口、左右穿引纬纱、前后打紧纬密三个方向的运动，由人腰束一带，席地而织，用足踝带织机经线木棍，右手持打纬木刀打紧纬线，左手做投纬引线。这种原始织机在宋代的广西壮、瑶等民族中曾较为流行。这种踞织机历史悠久，结构简单，是轴于腰编织而成，似为原始腰机，但它又使用了梭子，看来应是原始腰机向斜织机的过渡。广西金秀瑶族自治县与龙胜各族自治县境内的瑶族至今仍还使用原始的踞织机织锦。

　　广西织花带以穿综或分经的方式进行区分，主要分为三种工艺。第一种是中筒式，代表是田林蓝靛瑶和金秀盘瑶的花带工艺；第二种是竹栅式，以龙胜盘瑶织花带工艺为代表；第三种是打结综杆式，以龙胜红瑶为代表。

（一）中筒式

　　现以田林蓝靛瑶织花带为例子进行说明。这里的织花带工艺是最原始简单的。经线中有一个圆柱状小木棒，被称为"中筒"，此外还有 1 片线综。整经时，全部经线分为奇偶数，奇数经线从中筒上方往下绕，偶数经线从下方往上绕。经线的前后两端有两根小横木，作用等于卷布轴和经轴，一头拴在门柱等可以固定的地方，另一头系在织造者的腰上，用身体和柱子来保持经线张力。中筒形成一个分经口，左右穿梭引纬线，然后打纬刀打紧纬线，再提线综，使上下经线层位置互换，形成新的织口，以此重复，完成花带。这种方式是瑶族最常见的织带方式，东兴花头瑶等瑶族支系也是用这种方式织花带的（图 8-3）。

图 8-3 传统手工艺蓝靛瑶族腰带编织

图 8-4 龙胜盘瑶的织锦制作工序

（二）竹栅式

其实，所谓的中筒式和竹栅式，是以分经物件来命名的。故这里的竹栅指的是竹片做的栅式片。广西龙胜盘瑶与田林蓝靛瑶织花带工具的区别就在这里，其他的部件都大同小异，也有小木棍提起的线综，与田林蓝靛瑶用圆柱状小木筒分经不同，龙胜盘瑶用的是由几十根细竹片做成的像竹箅一样的栅栏式的分经器（图 8-4）。

龙胜盘瑶的织锦制作工序是：先布线，在一长条板凳似的木板上，前后各立一根圆柱木桩，中间立竹栅，竹栅的中间其实也是个竹筒，起到的作用类似于田林蓝靛瑶织锦机的中筒，竹栅的作用是分隔经线，避免织造时经线接触，保持织造过程的顺畅。经线在这个步骤分配好，然后把竹栅上下用竹片罩起来，将经线固定在里面。剩下的工序和田林蓝靛瑶相同。

（三）打结综杆式

龙胜红瑶是在纱线拉好后穿综的。通常用倒 U 形竹架，在竹架的右端系上白棉线，用棉线套住线 A，顺时针缠于架上，再用白棉线套住线 B，逆时针缠于架上。就这样一圈一圈地缠绳子于杆上，每一圈系一根经线（奇数或偶数线），边系边套经线进综眼。最后把杆头撤去，在绳子中间打上结，结头处即可作为综杆。综杆的作用在于连接下层全部经纱，它可以一下子把全部奇数或偶数经线提起或放下……穿综结束后，我们可以看到经线自然而然地交叉分层，为引纬做好准备。同时用分经棍把奇偶数经线割开，分成上下两层，形成一个自然的梭口，其剩下的织造环节也和其他支系瑶族的差不多了。

就是通过这些样式原始的织机，广西瑶族妇女以智慧和勤劳的双手，织出五彩缤纷的各式锦绣，装点美化了生活。

三、蚕锦

蚕锦，也叫平板丝织物，是在广西少数民族中只有南丹白裤瑶才有的一种独特技艺。是让蚕在平板上吐丝而形成的类似于纸张效果的一种丝织物。白裤瑶把它染成金黄色，剪裁成小方片或长条，缝在百褶裙摆边缘做装饰。

第二节　织布的制作方法

广西少数民族服装的面料主要靠纺织完成。根据材料的不同，广西少数民族的纺织包括麻纺织和棉纺织两种。

一、麻纺织工艺

虽然现在纺麻的广西瑶族不多，但是历史上麻在广西瑶族服装面料中曾占有一席之地，并且如今广西仍有个别支系瑶族仍有绩麻技术。现以广西全州东山瑶为例，简述广西瑶族纺麻技艺。全州东山瑶乡海拔高，气候寒冷，不宜种植棉花，其采集葛藤纺织的历史由来已久，且有一套传统的工艺和技能。

（一）去皮

夏天，上山采集葛藤，削去叶和叶柄，挑回家里，丢在小沟或井边水里浸泡5~7日，使表皮腐烂，而后捞出洗掉表皮，除去藤骨，剩下的就是灰白色的葛麻。把葛麻晾在屋边的竹竿架上，晚上不收回，使其打上两三天的露水，再放到阳光下暴晒，麻色就变得更加白净，质地也变得更加柔软。

（二）发麻

发麻，即将柔长大片的葛麻撕成纤细的麻丝，使每根麻丝大小相似，为理麻做好准备。把比青麻长一两倍的葛麻撕成麻丝，既要有分撕的技艺，又要胆大心细和有耐性。葛麻发丝后，半斤或几两一支捆好绑在厅堂的木壁上，准备下一道工序——绩麻。

（三）绩麻

绩麻要先准备一个竹织的团箱或浅口竹篮和一张小凳，绩麻的瑶女坐在草上，将装丝的团箱放在左侧，把两根葛麻细丝绩理在一起然后放入团箱里，手中的麻丝其中一根到尽头时，即扯一根麻丝理紧接上。如此，不断地接头，不断地理。团箱里集结的麻丝旋圈堆积达一定的数量后即停止结绩。这时用一张硬纸做一个圆筒，将绩好的麻线缠绕在硬纸筒上，形成一个空心麻线圆团，以一根绳子穿过空心套好，把它挂在木壁上。

（四）纺麻

纺麻线要用纺棉花所用的纺车。与纺棉花不同的是，纺棉花时棉条不能沾水，否则棉条吐不出纱，而纺葛麻线时要将麻丝团放在装有少许清水的盆子里，以防麻线过于干燥。当然纺麻线比纺棉纱要容易得多，因为麻线是事先理绩好的，只要在纺车上把它纺紧即可，无须接头防断。如果是纺织用作织麻布的线，将麻线纺紧，即可取下锤子，用拍纱架拍丝成绞。如果纺织的麻线用来做线的，就要两根麻线交织在一起才能成线。麻线纺成后，用拍纱架拍线成绞，可用灰碱煮后晒干成为洁净的白线；或者用自种的蓝靛煮染后晒干可成蓝线。纺织的葛麻丝如果用来织布，与棉纱的织布工序相同。瑶家自纺自织的较少，而自纺麻丝后请工匠织布者较多。

东山瑶家的葛麻布织成后，用途甚广，有用来做衣服的，有用来做蚊帐的，也有用来做麻袋等用品。葛麻布坚韧耐磨，制成蚊帐可挂一二十年；葛麻袋可作箩筐装载农产品，安全可靠且比箩筐轻便，适合在山区装运货物；葛麻布做的热天穿用的衣服，凉爽透风，被汗水浸透了也不沾身。葛麻布在东山瑶乡的历史上无论对生活或生产，都是不可或缺的。

二、棉纺织工艺

广西少数民族纺织工艺主要以棉纺织为主。以下就以广西南丹白裤瑶地区的棉纺织工艺为代表，介绍现存于广西瑶族地区的棉纺织工艺。广西瑶族棉纺织工艺主要包括两部分：纺纱工艺和织布工艺。

（一）纺纱工艺

在收获棉桃获得棉花后，白裤瑶便开始将棉花加工成纱线的工作了。

首先，用轧棉机将棉籽和棉纤维分离。该机由上下两个辊轴、给棉板和支架组成。给棉板接近辊轴的部位有密齿，密齿可以分离棉籽。轧棉机工作时通过上下两个辊轴相反方向的旋转，将放入其中的棉纤维和棉籽分离。

其次，用现代机械的弹棉机将棉花弹松。

再次，用手或50厘米左右长度的竹扦将棉花搓成棉花团。

最后，用手摇纺车纺纱。但是，现在原始手摇纺车效率低下，纺纱质量也没有机器的高，故很多瑶人都请人代为加工了。

（二）织布工艺

将纱线加工成布匹的过程有以下几道工序。

第一道，煮纱。用山药或者草木灰加工后煮纱，增加棉纱的韧性，防止织布的时候断线。

第二道，绞纱。也是为了增加纱线的韧性，是把匝线变成锭线的工序。绞纱时将匝线放在绞纱支架上，轮子与旁边的匝线团连接，右手顺时针摇动手柄，依靠轮子的转动带动竹管转动，使匝线团的纱线缠绕到竹管上，形成锭线；同时左手用布或者直接用手捋线，一方面去掉纱线上的毛边，使织出的布更加细密紧致，另一方面也使纱线能更好地缠绕在竹管上面。一根纱线弄好后，找出匝线团中下根纱线的头，和竹管上面的纱线首尾相连，继续绞线。

第三道，跑纱。先在一个空旷的场地打木桩制作跑纱阵，然后把绞纱之后的锭线放入跑纱机，开始跑纱。跑纱结束就穿经入筘，梳理好纱线的顺序。

第四道，梳纱卷纱。卷经棍置入卷经轴，把梳好的纱线慢慢卷入卷经轴。

第五道，上机织布。织布者用绞纱棒分离经纱的单、双数，用线综装置来提升经线，一共要有两列线综，通过线综套环分别把单、双数的经纱联系起来。"筘"像一把大"梳子"，经纱依次穿入，筘用来控制经面宽窄，保证经纱在织造时有条不紊。织布时，再加上一根齿形撑幅器，以更有效地控制布幅的宽度。开始织造时，用两块踏板分别带动两线综，使两线综上下交替升降，这样便在所有单数经纱和双数经纱相分离的部分交叉形成一个织口。梭子每穿过一个织口，便完成一次操作。一直操作下去，最终完成布匹的织造。

如今的南丹县白裤瑶地区仍然有很多人在用这样古老传统的纺织工具和技艺自己纺织土布。白裤瑶地区边缘是山区，相对封闭的环境使其传统民族工艺得以保留，但是同时也限制了该民族纺织工艺的提高和发展。

第三节　亮布的制作方法

亮布是一种经过染色处理的粗布面料，经过不断地浸染、捶打、晾晒及最后的涂蛋清等十多道工序才能完成，故亮布的产量非常少。其面料硬挺，表面不平滑，有手工捶打留下的纹路，在阳光下显现黑紫色，泛神秘金属光泽，且保暖防水、透气抗菌，是非常古朴耐用的面料。

一、制作材料和工具

传统亮布是由蓝靛、牛皮胶、鸡蛋清、猪血、北盖偶尔（侗语音译）、辣椒树皮（侗语翻译）等制作材料经过多重工序加工而成。

蓝染缸：蓝染缸是由蓝靛泥、甜酒、食用碱、葡萄糖在水中发酵而成。先将甜酒放入 5 千克清水中，升温烧开 10 分钟，后过滤掉甜酒中的米粒，留下干净的甜酒水，再将蓝靛泥、酒、葡萄糖和甜酒水放在盆里一起搅拌调和，直到所有靛泥完全稀释没有硬块。倒入盛有 90 千克水的缸里，用木棍搅动水和蓝靛液两三分钟。接着将食用碱倒入缸中，一边加碱一边用木棍搅动，用干净的手指轻轻摸一下缸里的染液，如果感到染液在手指间有滑腻感，说明碱性合适；有些习惯用舌头去尝，感觉有些涩嘴便是合适；有条件的可用 pH 试纸测试，当碱性指数为 10～13 时，即停止加碱。再用木棍连续搅动 3 分钟，然后放入一小条白色试染布条，盖好缸口，防止杂质掉落到缸里，尤其不能让油污和橘子皮掉进缸内。第三天揭开盖子观察是否发酵。如果缸里的染水开始出现绿色，试染布条已显黄色，则染缸里的蓝靛已开始发酵。发酵好的蓝染缸就可以染布了，侗族亮布中的蓝染工艺都是用缸染出来的（图 8-5、图 8-6）。

牛皮胶：制作传统的侗族亮布，需要使用到牛皮胶，牛皮胶就是用牛皮熬制成胶后凝固起来的胶状物，在使用时，只需把牛皮胶放进水中加热融化，然后把牛皮胶浆在染好的面料上（图 8-7、图 8-8）。

图 8-5　浸泡

图 8-6　晾干

图 8-7　浆上牛皮胶

图 8-8　熏蒸

北盖偶尔（侗语音译）：北盖偶尔属于木本类植物，其叶片有的为椭圆形，有的为椭圆状倒披针形，革质，叶子上边为绿色，背部有棕色小绒毛，背部茎叶明显突起，枝干为棕绿色，树皮内含有黏液。在侗族亮布制作过程中采取此类植物的树皮，在水中浸泡后成为一种棕红色黏稠液体，用来染制面料。

辣椒树皮（侗语翻译）：在侗族亮布制作中，辣椒树皮和北盖偶尔具有差不多的功效，如果没有辣椒树皮用来染色也可以用北盖偶尔来替代。辣椒树皮和北盖偶尔在一块白棉布上染出来的颜色基本相同。辣椒树皮煮出来的颜色为棕红色清澈的液体，染出来的面料带着一种淡淡的清香，而北盖偶尔没有任何气味。

鸡蛋清：鸡蛋清又被叫作"蛋白"或"蛋清"，是指蛋壳内部包裹着蛋黄的白色透亮液体。取鸡蛋清擦拭在染过的面料上。

猪血：采用现杀的生猪血，涂抹于纺织染过的面料表面。

上述讲解了亮布制作时所使用的工具。木槌和石板是为了捶打侗族亮布，铁锅是为蒸布和煮牛皮胶所使用，甑子是用来蒸布的。

二、制作流程

传统亮布分为两种，一种为黑色的侗族亮布；另一种为紫红色的侗族亮布，紫中泛红，颜色为暖色，色彩亮度较高，颜色饱满。侗族亮布的制作流程要经过多个重复步骤：白棉布脱浆→晾晒→蓝靛染（3次）→涂牛皮胶→蒸布→蓝靛染（3次）→涂牛皮胶→蒸布→蓝靛染（3次）→涂牛皮胶→蒸布→拿擦布沾鸡蛋清刷在布上→拿擦布沾猪血刷在布上→晾干→捶布→用北盖偶尔（侗语音译）或者辣椒树皮（侗语翻译）浸泡的染液浆透（8～10遍）→晒干→捶打呈现黑色的侗布，或继续蓝靛染至呈现紫红色的侗布。一匹完整的侗布制作需要将近30天的时间来完成。

一块白棉布要想制作成一块漂亮的亮布需要在染缸中经历18道的蓝染工艺，经历3～4次的上牛皮胶工艺，3次的熏蒸工艺，以及8～10次的用北盖偶尔（侗语音译）或辣椒树皮（侗语翻译）染晒的工艺，经受在太阳底下几十次的暴晒，才能被制作成一块侗族亮布。

在侗族亮布制作中，蓝染缸一遍一遍加深染色时使用牛皮胶会使染蓝的面料变红，每一次的熏蒸是为了让牛皮胶等材料更好地融入面料的经纬交织线中。经过上牛皮胶、蒸布、捶打，黑色的亮布就完成了。在黑色亮布的基础上在染缸中继续染色，黑色的亮布就会变得越来越红，染得次数越多，紫红色就越明显，捶打以后紫红色亮布就完成了。

第四节　扎染的制作方法

扎染古称扎缬、绞缬、夹缬和染缬，是中国传统的手工染色技术。扎染工艺是指使用纱、线、绳等工具，对织物进行多种形式组合的扎、缝、夹等操作，然后进行染色。其工艺特点是用线将被印染的织物打绞成结后再进行印染，最后把打绞成结的线拆除。它有多种变化技法，各有特色，形成的花纹别具一格，晕色丰富，变化自然，趣味无穷。更使人惊奇的是每种花即使扎结出成千上万朵，染后也各不相同，这种独特的艺术效果是机械印染工艺难以达到的。

一、扎染的起源

扎染古称扎缬、绞缬等，是汉族民间传统而独特的染色工艺，是织物在染色时部分结扎起来使之不能着色的一种染色方法，是中国传统的手工染色技术之一。扎染有着悠久的历史，起源于黄河流域。据记载，早在东晋，扎结防染的绞缬绸已经被大批生产，说明扎染这种工艺早在东晋时期就已经成熟了；在南北朝时，扎染产品被广泛用于汉族妇女的衣着；唐代是我国古代文化鼎盛时期，绞缬的纺织品甚为流行、普遍，"青碧缬衣裙"成为唐代时尚的基本式样；北宋时，绞缬产品在中原和北方地区流行甚广。

二、扎染的传承

秦汉：扎染"秦汉始有之"，已有数千年历史，这支古代染缬中的奇葩，一直以自己独特而奇妙的美姿根深蒂固地生长在人民中间，点缀、美化着人民的生活。扎染这支朴实无华、天然成趣的古老的染缬奇葩，必将在中原大地重放光彩，更加绚丽。

盛唐：唐代是我国古代文化鼎盛时期，绞缬的纺织品甚为流行，更为普遍。在唐诗中我们可以看到当时妇女流行的装扮就是穿"青碧缬"，着"平头小花草履"，在宫廷更是广泛流行花纹精美的绞缬绸。史载，盛唐时扎染技术传入日本等国，日本将我国的扎染工艺视作国宝，至今在日本的东大寺内还保存着我国唐代的五彩绞缬。后经日本又传入我国云南，由于云贵地区水资源丰富、气候温和，所以古老的扎染工艺便在这里落户。

宋代：扎染技法的采用使面料富于变化，既有朴实浑厚的原始美，又有变幻流动的现代美，还具有中国画水墨韵味的美和神奇的朦胧美。扎染服装是立足民族文化的既传统又现代的服装艺术创作。夹染、抓染、线串染及叠染等可出现各种不同的纹路效果。在同一织物上运用多次扎结、多次染色的工艺，可使传统的扎染工艺效果出单色发展为多种色彩。

明清：明清时期，染织技艺已到达很高的水平，除了染布行会，明朝洱海卫红布、清代喜洲布和大理布均是名噪一时的畅销产品。至民国时期，居家扎染已十分普遍，以一家一户的扎染作坊密集著称的周城、喜洲等乡镇，成为名传四方的扎染中心。

现代：扎染显示出浓郁的民间艺术风格，1000多种纹样是千百年来历史文化的缩影，折射出人民的民情风俗与审美情趣，与各种工艺手段一起构成富有魅力的织染文化。2006年，扎染技艺经国务院批准列入第一批国家级非物质文化遗产名录。

三、扎染的制作工艺

扎染工艺分为扎结和染色两部分。它通过纱、线、绳等工具，对织物进行多种形式组合的扎、缝、缚、缀、夹等后进行染色。其目的是通过对织物扎结部分的防染作用，使被扎结部分保持原色，而未被扎结部分均匀受染，从而形成深浅不均、层次丰富的色晕和皱印。织物被扎得越紧、越牢，防染效果越好。它既可以染出带有规则纹样的普通扎染织物；又可以染出表现具象图案的复杂构图及具有多种绚丽色彩的精美工艺品，稚拙古朴，新颖别致。扎染以蓝白二色为主调构成宁静平和的世界，即用青白二色的对比来营造出古朴的意蕴，且青白二色的结合往往给人以"青花瓷"般的淡雅之感。

扎染的制作方法别具一格，生动地描述了古人制作扎染的工艺过程："'撷'撮采线结之，而后染色。即染，则解其结，凡结处皆原色，余则入染矣，其色斑斓。"扎染的主要步骤有画刷图案、绞扎、浸泡、染布、蒸煮、晒干、拆线、漂洗、碾布等，其中主要为扎花、浸染两道工序，技术关键是绞扎手法和染色技艺。染缸、染棒、晒架、石碾等是扎染的主要工具。

（一）扎花

扎花，原名扎疙瘩，即在布料选好后，按花纹图案要求，在布料上分别使用撮皱、折叠、翻卷、挤揪等方法，使之成为一定形状，然后用针线一针一针地缝合或缠扎，将其扎紧缝严，让布料变成一串串"疙瘩"。

扎染的布料过去完全采用白族自家手工织得较粗的白棉土布，现在土布已较少，主要用工业机织生白布、包装布等，吸水性强，质地柔软。先由民间美术设计人员根据民间传统和市场的需要，加上自己一定的创作，画出各式各样的图案，然后由印工用刺了洞的蜡纸在生白布上印下设计好的图案，再由妇女将布领去，用细致的手工按图案缝上，最后送到扎染厂或各家染坊。

扎花是以缝为主、缝扎结合的手工扎花方法，具有表现范围广泛、刻画细腻、变幻无穷的特点。

（二）浸染

浸染，即将扎好"疙瘩"的布料用清水浸泡一下放入染缸里，或浸泡冷染，或加温热染，经一定时间后捞出晾干，然后将布料放入染缸浸染。如此反复浸染，每浸一次色深一层，即"青出于蓝"。缝了线的部分，因染料浸染不到，自然成了好看的花纹图案，又因为人们在缝扎时针脚不一、染料浸染的程度不一，带有一定的随意性，所以染出的成品很少一模一样，其艺术意味也就多了一些。

浸染到一定的程度后，捞出放入清水中，将多余的染料漂除，晾干后拆去缠结，将"疙瘩"挑开，熨平整。被线扎缠缝合的部分未受色，呈现空心状的白布色，便是"花"；其余部分呈深蓝色，即是"地"，便出现蓝地白花的图案花纹来，至此，一块漂亮的扎染布就完成了。"花"和"地"之间往往还呈现出一定的过渡性渐变的效果，多为冰裂纹，自然天成，生动活泼，克服了画面、图案的呆板，使花色更显得丰富自然。

采用手工反复浸染的工艺，形成以花形为中心、变幻玄妙的多层次晕纹，凝重素雅，古朴雅致。扎染取材广泛，常以当地的山川风物作为创作素材，其图案或苍山彩云，或洱海浪花，或塔荫蝶影，或神话传说，或民族风情，或花鸟鱼虫，妙趣天成，千姿百态。在浸染过程中，由于花纹的边界受到蓝靛溶液的浸润，产生自然的晕纹，青里带翠，凝重素雅，薄如烟雾，轻若蝉翅，似梦似幻，若隐若现，韵味别致，有一种回归自然的拙趣。

第五节　蜡染的制作方法

广西蜡染历史悠久，主要集中于那坡、南丹地区。广西在地理位置上与云南、贵州、四川等地接近，因此蜡染受它们影响很大。广西蜡染图案复杂精致，构图严谨，多呈对称状，形式感强，常见的纹样有动植物纹、铜鼓纹、太阳纹、几何纹等。除此之外，广西融水苗族自治县还流行以枫树的汁液做防染的工艺，又被称为"浆染"，这是一种和蜡染相似的、用枫脂防染的工艺。

一、传统蜡染工艺的材料、工具

（一）材料

1. 面料

古代民间所用的面料通常是家庭自纺自织的棉、麻土布，现在机织面料的普及使蜡染面料有了更多的选择。面料要满足蜡染工艺的要求，应该能经受住热蜡的温度，并且平整光洁易于涂蜡。

通常情况下，棉、麻、丝等天然面料是蜡染工艺的主要载体。棉织物品种多，不但易于吸蜡、上色，还具有良好的舒适性，是蜡染的理想面料。麻织物挺括易皱，具有良好的吸湿性、放湿性，穿着凉爽，蜡染后的麻织物风格粗犷，颇具自然风情。丝织物种类众多，或轻盈飘逸，或亲肤滑爽，具有独特的触感和高雅的外观风貌，是制作高档蜡染制品的理想选择。

除了棉、麻、丝这些常用的面料外，一些其他的材料也被创新性地应用于蜡染中，比如皮革、天丝、彩棉等。这些材料有其自身的特点，经过蜡染工艺后又兼具蜡染古朴典雅的工艺美感。

即使是同一种材质的织物，其粗与细、疏与密、厚与薄的差异也能使蜡染制品呈现出不同的效果。一般来讲，细密、纤薄的织物适合表现风格婉约、造型精致的图案；粗糙、厚实的织物适合表现风格粗犷、造型抽象的图案。在选择面料时也要充分考虑蜡染制品的艺术风格和应用环境。

2. 蜡材

蜡材最常使用的是蜂蜡、石蜡和混合蜡种。蜂蜡是蜜蜂腹部蜡腺的分泌物，是民间传统的防染材料。蜂蜡黏度大、柔性高、不易碎裂和脱落，应用于蜡染时不容易产生冰纹，但蜂蜡脱蜡较为困难，一般需要多次煮洗。石蜡俗称矿蜡，是从石油或其他沥青矿物油中提取出来的一种白色半透明固体，价格较为低廉。石蜡易碎裂，应用于蜡染时会形成较多的冰纹，但石蜡黏着力差、易脱落，一般不单独使用。混合蜡是根据创作需要将不同蜡材按比例混合在一起的蜡材，除了石蜡和蜂蜡之外，还常常加入少量的松香。松香是从松树上取得的固体天然树脂，其黏度较大，单独使用时难以表现复杂精细的图案。松香的防染性略低于蜂蜡，且熔点较高（软化点为75℃左右，熔点可达130℃）增加了脱蜡难度，其在混合蜡中一般加入的比例较小。混合蜡中不同蜡材的比例并不是固定不变的，当需要风格粗犷的图案时，就多放石蜡少放蜂蜡和松香，该样蜡材不但具有冰纹丰富、斑驳大气的表现力，还不易脱落，增加了图案效果的可控性；当需要造型精致、冰纹纤细的图案时，则多放蜂蜡少放石蜡，混合后的蜡材柔性高、不易碎裂和脱落，同时方便脱蜡和清洗。

3. 染料

随着染色技术的发展，越来越多的合成染料进入人们的视野，合成染料在染色工序、色彩范围、色牢度等方面优于天然染料，并且价格较为低廉，在蜡染中被广泛应用。

常用于蜡染工艺的合成染料主要有以下四种（表8-1）：

（1）直接染料

直接染料色谱齐全，染色程序简单，染出的色彩鲜艳。但是直接染料需要高温上色，不能对上好蜡的面料进行染色，其应用于蜡染时一般只用作局部的绘染。

（2）X型活性染料

X型活性染料可溶于水，室温下即可进行染色，染色工艺简单，既能浸染也能刷染。其色谱广，染出的颜色色彩鲜艳、纯净，色牢度好。

（3）还原染料

还原染料适合浸染，染出的颜色色泽鲜艳，耐水洗、日晒的色牢度都比较好。还原染料总体性能比较优良，但是其色谱不全、工艺相对繁复，且价格较高，因此应用受到一定限制。

（4）纳夫妥染料

纳夫妥染料又称冰染料，适合浸染染色，染出的颜色鲜艳浓郁，尤其是红色、橙色、紫色、蓝色，耐日晒和水洗的色牢度都较好，但摩擦色牢度较差，浅色易掉色，更适合染深色。

表 8-1　合成染料与面料种类的选用

面料	直接染料	X 型活性染料	还原染料	纳夫妥染料
棉	√	√	√	√
麻	√	√	√	√
丝	√	—	√	—

（二）工具

1. 熔蜡工具

过去民间常用锅熔蜡或自行制作简单的熔蜡盆，通常是在火堆上面架个盆子。现在可供选择的工具多样，可以选用电炉、酒精灯、电热锅，市场上也出现了专供熔蜡的蜡锅。

2. 绘蜡工具

铜蜡刀是最常用的绘蜡工具。铜蜡刀笔头通常呈斧形，由数枚铜片合成，刀口紧闭而中间稍空，这种结构既能够储蜡又方便画蜡。铜蜡刀有大小型号之分，能满足不同粗细蜡线的绘制要求，其导热性良好，画出的蜡线均匀而稳定，有刀刻的韵味。画蜡时，直接用笔头部蘸取蜡液绘于织物上，方便快捷。但铜蜡刀容易滴蜡，在蜡线的开头常形成蜡点，并且储蜡能力不足，画长线时需要反复蘸蜡，掌握起来有一定的难度。

3. 染色工具

根据染料、染色方式的不同，具体使用到的工具也不一样，通常来讲都需要最基本的配制器具、染缸、搅拌棒。

4. 除蜡工具

除蜡工具最常用的是煮锅，将织物放在锅中蒸煮以达到脱蜡目的是民间惯用的除蜡方法。除了用锅煮之外，熨斗也可应用于脱蜡。

二、传统蜡染工艺流程

（一）染前处理

染前处理即织物的脱浆、去除杂质处理，必要时还包括漂白处理。由于织物上常带有一定的浆料和天然杂质，如果没有染前处理将其去掉，染色时会妨碍染液进入纤维内部，影响色牢度或者造成掉色、色斑现象。为了达到预想的染色效果，通常要先对织物进行脱浆。

脱浆一般采用水煮的工艺，棉麻类织物脱浆，通常在水中加入适量纯碱；丝织物退浆，一般加入少量皂液、碳酸钠。

（二）熔蜡

熔蜡即根据需求将不同比例的蜡材混合在一起，放在盆中加热使之融化成液状。蜡材的熔点为 48～66℃，蜡液的温度会影响绘蜡效果，蜡温过高时，蜡液流速过快，图案造型难以控制；蜡温过低时，蜡液容易凝固，难以渗透织物，致使图案模糊不清。当蜡液保持在约 80℃时，既有渗透力又不扩散，较为适合绘蜡。

（三）绘蜡

绘蜡即使用绘蜡工具蘸取蜡液，将构思好的图案绘制在面料上。由于蜡液易流动、易凝固，绘蜡相对难以掌握，需要反复练习。尽量做到每笔下去都能准确地画出形态，同时又能让蜡渗过布的背面保证两面有相同的防染效果。绘蜡步骤不易反复涂抹或修改，如果没有渗透织物而反复涂抹，起不到防染效果还会导致蜡块厚薄不均，从而使染色后出现花斑。而蜡易凝固的特性使得修改的难度增加，故准确性和渗透性是绘蜡的关键。

（四）染色

染色即对上好蜡的织物进行上色处理。不同的染料对应不同的染色方法，首先要了解染料的性质，按其特定的染色工序和方法进行上色。

从民间流传下来的染色方式为浸染，是一种将上好蜡的面料浸入染液中，以达到整体上色的方法。除了常用的浸染法外，还可以通过绘染、套染的方法实现多种色彩的效果。绘染即通过手绘的方式对面料进行上色。手绘上色方法灵活，既可整体刷染，也可以局部点染。套染即用几种不同颜色的染料分多次进行浸染，每次染色后通过封蜡位置的变化创造出有多种颜色的图案。

（五）除蜡

除蜡有两种方法，一是沿用传统民间沸水除蜡的方法，二是借用熨斗除蜡。沸水除蜡是将织物放入沸水中，使蜡受热融化漂浮于水面上，以达到脱蜡目的。熨斗除蜡是将织物夹在吸收能力强的纸之间，用高温的熨斗熨烫，蜡块融化后被纸吸收，多次反复后达到脱蜡的目的。熨斗除蜡难以将蜡材完全除尽，容易残留蜡斑，但是它无须浸水，相比于沸水除蜡，更适合水洗牢度不强的染物。

三、传统蜡染工艺的特点

（一）工艺流程的经典性

早期的蜡染工艺流程无从考证，但是清朝乾隆年间的《贵州通志》中"用蜡绘花于布而染之，既去蜡，则花纹如绘"（刘恩元，1998）描述的就是蜡染工艺，这和我们现在所采用的流程几乎一致。现在的工艺技术、物质条件虽然全面提升，但体现在蜡染工艺上也只是面料、蜡材、染料等材料的改进，而非工艺流程的变化。工艺流程的经典性不只表现在它传用时间的久远上，还体现在它应用的广度上。我国广西地区地域广阔，多高山峻岭，各个地区之间的隔离性较强，致使不同地区的蜡染独立发展形成了不同的风格。虽然不同地区蜡染风格各有差异，但是其制作工艺大同小异，几乎都是采用染前处理、熔蜡、绘蜡、染色、织物后整理的工艺流程。这也反映了工艺流程的经典性，它凝结着劳动人民的生活智慧，直到现在仍未有太大的改变。

（二）工艺技法的单一性

传统蜡染工艺中只有绘蜡这一环节而没有裂蜡一说，工艺技法比较单一。绘蜡的工具通常为铜蜡刀，铜蜡刀笔头坚硬不会变形，绘制出的蜡线粗细均匀，没有轻重缓急的变化。因而铜蜡刀绘蜡没有衍生出丰富的技法，只能绘制稳定、流畅的线条或大小不一的蜡点。这也是传统蜡染工艺的艺术特点集中体现在图案的造型、布局而非笔触上的原因之一。不仅如此，传统的审美观视冰纹为蜡染的瑕疵而加以避免，所以并没有对裂蜡进行过多的研究，但是现在审美习惯发生了转变，冰纹被视为蜡染艺术的灵魂，它的价值被越来越多的人肯定，应该在原有的基础上进行裂蜡技法的探讨。

第六节　刺绣的制作方法

广西少数民族刺绣工艺也是广西地区在多民族条件下衍生出的具有代表性的服饰手工艺技法，最早可追溯到秦汉时期，到了清代，刺绣工艺在广西已十分普及，工艺手法也达到鼎盛，大致可分为平绣工艺、锁绣工艺、打籽绣工艺、挑花工艺等几项主要的工艺手法。如今，众多的广西少数民族地区将绣花与传统染色结合运用，工艺叠加的表现手法也让服饰在穿着舒适的基础上，彰显更为复合化的艺术效果。

图 8-9　广西瑶族绣花树钱包

一、平绣

平绣是一种古老的绣法，也叫"直针""齐针""出边"，是最基础的绣法。做法是将绣线平直排列，组成"留型"纹样。它的绣面平整，线迹清晰细腻，色彩艳丽鲜明。如图 8-9 所示，广西瑶族的绣花树钱包上面的花朵就是由平绣针法绣成的。

二、锁绣

锁绣是最古老的一种针法，长沙马王堆一号汉墓出土的衣物上的云纹即锁绣绣制。锁绣的起针在纹样根端，而在起针旁边落针，落针时将绣线兜挽成套圈状，第二针起针即从套圈中插针，两针之间约半市分（1.5 毫米），并将前一个套圈扯紧。如此反复，即形成锁链状盘曲相套的纹饰，这样的绣法适合勾边使物品轮廓清晰明确。

图 8-10　花头瑶绣花头巾（局部）

三、打籽绣

打籽绣是刺绣传统针法之一。点绣的一种，也称"打子"。用线条绕成粒状小圈，绣一针，形成一粒"子"，故名。如图 8-10 所示，花头瑶绣花头巾就有用打籽绣法。

四、挑花

挑花，古代称为"戳纱绣""纳纱绣"，现在也可以称为"数纱绣"。刺绣时，按照织物经纬格有规律地运针。可以说，挑花是广西瑶族服饰中最常见、运用最广泛、最具代表性的绣法。具体分为平挑和十字挑两种针法，都需要严格按照纱眼数好针数进行挑花。

（一）平挑

平挑就是在水平方向上进行挑花，一般按同一纬线为基准，具体可以分为"平直长短针"和"斜挑长短针"。如图8-11中的山形纹等，运用的针法即平挑。而"斜挑长短针"，指在同一方向匀称斜向运针绣制纹样的方法，如图8-11中的直线纹样。

图8-11　金秀茶山瑶男服上的挑花纹样

（二）十字挑

十字挑，和如今流行的"十字绣"类似，在面料上依照网眼用绣线逐眼，交叉绣上十字纹样，从而组成各种纹样。如图8-12所示。

茶山瑶男服上的挑花为井字纹样。广西瑶族服饰最多的是采用反面绣法，也就是"反面绣，正面看"。挑绣时候不看正面，底布上按纱路经纬线确定图案部位，从反面运针，按照布料的经纬交织点施绣，但正面却显得十分平整，纹路线条十分清晰，图像栩栩如生。在挑花中，整幅图案面线、垂直线与平行线采用的角度为45°、90°或180°，没有弧线。反面挑绣有反面平挑和反面十字挑绣两种绣法。广西的永福盘瑶、龙胜红瑶和东兴大板瑶等瑶族支系都广泛运用反面挑绣的针法。从图8-12可以看出，瑶族妇女一般先把起到间隔作用的直线纹样绣好，再绣其中的图案。

图8-12　东兴大板瑶绣花正反面

广西少数民族妇女绣花一般不会提前设计图样，要绣的图案早已了然于胸，这需要长年累月的经验积累才会熟能生巧，这些精美的刺绣是世世代代的广西瑶族妇女智慧的结晶。

第七节　铜扣装饰的制作方法

铜扣是民族服饰上象征身份地位的奢侈品。现存遗留的实物形体各异、大小不一、款式有别、色泽瑰丽，其装饰常用图案有人物、动物、植物、器物、文字符号五种类型，基本涵盖了传统吉祥纹饰的内容，寓意深刻，呈现出以小示大的特点。

一、铜扣概述

盘扣是广西民族服饰中使用的一种纽扣，用来固定衣襟或者装饰，是对襟上装的重要配件。从明朝万历年间开始出现纽扣的踪迹，到清朝纽扣被广泛使用，除了布制手工编结纽扣外，运用极少的就是铜质、银质、珍珠、玛瑙，甚至还有纯金制作的纽扣。从带子到盘扣，从单色盘扣到多色搭配，从最简单的直盘扣到花样百出，同样是疙瘩扣，扣带依旧，但扣砣已不再只是盘出来的布疙瘩，当中比较高级的就是清朝上层官员所用的镏金铜疙瘩扣，非一般老百姓所能享用。在那时，铜扣不仅是服装的重要配件，还是一种奢侈品，是使用者身份的象征。由于它的社会象征性，也使它的设计带有许多象征元素。

如果从艺术的角度来观察铜扣的演变轨迹，会发觉它不再只是扮演实用的角色，更多的是从审美和装饰的角度出发，纹饰各异，巧思设计，既融入制作者的心性和智慧，又浓缩博大的中国文化，有着极高的文化和艺术审美价值。所以，铜扣在服装领域中已从配件上升为重要构件，成为装饰品甚至是奢侈品。

二、铜扣的装饰造型与工艺

铜扣和其他艺术门类一样，借鉴和运用了许多其他工艺艺术，形成自己特有的艺术形式和魅力。如果说装饰造型的设计使铜扣有了惊艳的外形，为人们带来了无限的视觉享受，那么镏金技术则赋予了它华丽的色彩和高贵的材质，是点石成金的神来之笔。

在传统服饰应用中，铜扣使用最多的基本造型是球形结构的扣砣。除此之外，还存在半球形、方形、异形等结构，虽然造型结构不拘一格，但总体都还是民间俗称的"疙瘩扣"。

铜扣的款式也是多种多样的，大致可以确定四种：素面、浅浮雕、高浮雕和透雕。其中，高浮雕存世量最多，其次是透雕和浅浮雕铜扣，素面扣是最少的，从中可以探知它们被选择使用的频率和受欢迎的程度。对比四种不同的款式，可以获取到不同的艺术审美体验：素面扣砣简单质朴；浅浮雕扣砣画意十足，平和又有韵律；高浮雕扣砣因材施艺、巧思布局，或写实或写意，浓缩时空，夸张有度，以强烈的视觉冲击力取胜，价值最高；透雕扣砣空透灵动，虚实交错，极具装饰感，艺术感染力不输于高浮雕。四种款式争奇斗艳，却各有魅力。

三、铜扣常用装饰图案

铜扣之所以能够从服装制作的构成中脱离出来，成为重要的服饰构件，是因为它已经具有独自存在的文化意蕴和艺术价值。而这些价值主要来自它的装饰设计，即那些具有特定文化象征含义的装饰图案。

从实物来看，铜扣的装饰图案不但内容丰富、形式多样、寓意深刻，而且呈现出以少示多、以小示大的自我艺术特性。其装饰图案类型可归纳为植物类、器物类、动物类、文字符号类、人物类五种。这些图案基本涵盖了传统的吉祥纹样，含有各种吉祥的寓意，表达着各种美好的祝愿。值得注意的是，虽然传统吉祥纹样在其他工艺美术门类中也多有应用，但由于铜扣砣体极小，装饰图案的表达受到非常大的限制，技术实现难度大增，这就要求设计者更加注重创新。通过实物的对比研究可看出，铜扣上装饰图案的共同特点有巧设布局、精准选择主题物象的主配角、严格控制物象出现的数量等，由此而具备了艺术独特性，并焕发出新的生命力。

（一）植物类吉祥图案

铜扣上的装饰图案以植物和动物图案最为常见，约占总量的80%。其中，植物图案以牡丹、杏花、荷花、梅花等居多，常见题材有缠枝牡丹等。

缠枝牡丹：又名万寿藤。在实体扣上，通常会刻画有两头或三头牡丹，并以旋转、连绵不断的缠枝结构来呈现"生生不息，富贵绵长"的寓意。

黄甲传胪：在实体扣上这个纹饰只出现了一种表达方式，即以两只同向游弋的鸭子与一枝孤荷为伴，表达科举及第之意。

梅妻鹤子：图案讲述的是宋代诗人林逋追求隐逸自适的生活，终生不仕不娶，无子，唯喜植梅养鹤，自谓"以梅为妻，以鹤为子"。所见实体扣中，图案在球体与半球体上均有出现。半球结构的图案为一鹤一梅左右相望，而球形扣上的图案为两鹤两梅，梅鹤互对，两组交叉。

一品清莲：莲与廉同音，寓意公正廉洁。因为纹饰主题不具有普遍性，只有特殊人群才会选用，所以是非常少见的品种。实体扣上图案为一株青莲独自绽放，出淤泥而不染，清风傲骨。

（二）动物类吉祥图案

动物类图案常见的有鱼、凤、鹊、鹤等，它们都以谐音、象征、会意来表现纹饰主题。

三世有余：鱼是余的谐音，三为多，意在世代都能富贵有余。此类纹饰的表达为三条金鱼以阴阳转换的构图与河草相伴，形象生动可爱。

凤穿牡丹：这个主题最受民间喜爱，存世量也最多。纹饰的表达比较固定，实体扣上通常以两株缠枝牡丹围合一只凤凰，展现凤凰飞在牡丹群香之上。凤凰的形象较为真实。

双凤牡丹：也是由牡丹与凤凰组成的图案，看似与凤穿牡丹相近，但含有天下太平之意，寓意上更深远。纹饰的具体实现也有区别，主要是对凤凰的刻画，因为凤凰造型本身就较为复杂，所以当缠枝牡丹围合两只凤凰的时候，更加有限的空间成为塑形的难点。实体扣的处理方法是两只凤凰的造型抽象化，甚为巧妙。

喜上眉梢：这是大家最熟悉的纹饰，故也成为镏金铜扣中运用最多的吉祥图案之一，存世量相应也较多。有趣的是，可能是形象相对容易刻画的原因，实体扣上图案的变化较多。从现有资料看，出现有两喜一梅、两喜两梅、两喜三梅这三种不同的表现形式。

金鹊报喜：与喜上眉梢的寓意相近相关，此纹饰的铜扣相对少见，纹饰设计为牡丹团抱一只金鹊和一朵四瓣桃花。

（三）器物类吉祥图案

此类吉祥图案是通过将祭祀、生活中的器皿图案化，表达人们对吉祥的期盼和向往，如花瓶、如意、壶、钟、铜镜、佛家八宝、暗八仙、四艺等。其中以暗八仙为主题的器物类纹饰在镏金铜扣中出现最多。

暗八仙：是以八仙手中所持之物组成的纹饰，但受到小物件的空间限制，无法将信息量过大的八个图案全部呈现出来，所以图案处理方法是"减半法"，以半求全，如实体扣中多是以剑为中心纹饰，周边再环绕扇子、花篮、葫芦等，物象总量控制为四个，可以随意更换。

（四）文字符号类吉祥图案

文字符号类图案以福字、寿字、日字、万字纹、海水纹等多见。符号类图案多表现为宇宙物象的日、月、星、雷、云、水、火等抽象符号，反映先民们对自然万物的崇拜。

丹凤朝阳：此类纹饰的镏金铜扣存世较多。扣身通常以一只展翅丹凤和一株缠枝牡丹紧紧环抱并相望着位于核心的太阳，太阳上书写有"日"字，纹饰内容一目了然。

双福捧寿：实体扣身以对称式的双蝙蝠纹饰围合环抱，与"寿"字相望，表达长寿多福。寿字虽然是图案式的团寿纹，但蝙蝠的形象却写实生动，头部以侧脸形象刻画，还背有两只大耳朵。

"寿"字纹：扣身的纹饰以图案化的团寿构成，周边是抽象化的海水纹，整体寓意长寿。

海水纹：水造福万物，滋养万物，却不与万物争高下，海水纹的应用就是源于人们对水的特殊情感，在实体扣中，海水纹与万字纹都是只用一种主体元素的重复出现填充整个纹饰。

（五）人物类吉祥图案

人物类吉祥图案的表现，多以吉祥语、民间谚语、神话故事等为题材，表达人们祈求吉祥的愿望。由于艺术表达的难度，人物图案历来是各类传统工艺美术作品里最高端、最有价值的纹饰表现类型，所以最受追捧，相应的市场价值也是最高的。

在形体较大的工艺美术作品里，作为最具价值的人物图案能比较经常地看到，但在小小的铜扣上，方寸之间的艺术表达及工艺难度都使人物图案非常少见，一定是具有更加特殊地位的人才可以使用的。

四、铜扣装饰图案的艺术特性

（一）圆形适合纹样的多骨式设计

在纹饰设计的应用中包含了传统图案的常见骨式，包括分层式、转换式、均衡式、旋转式、直立式、辐射式（向心式）和发射式等，其中以前三种最多。

在实物铜扣中，缠枝牡丹为旋转式，黄甲传胪为均衡式，三世有余为转换式，金鹊报喜和双福捧寿是分层式，梅妻鹤子是直立式。

（二）"画眼"点题刻画法

铜扣在刻画图案的时候通常首先采用分层式，圆形适合纹样内层的圆心位置即是"画眼"，它是整个纹饰的主体和设计的重心，起到点题该吉祥纹样内容和寓意的作用。

所以解读铜扣上的吉祥纹饰时，通常要先看画眼，再看周边围合的纹饰，二者结合便可以定格扣面上刻画的主题。其实读懂了画眼，对纹饰的内容就可以猜测个八九不离十，然后对周围纹饰的探寻就只是验证了。例如，观画眼，有一朵梅花，便知道应是喜鹊登梅，再观分层围合的纹饰，一定会有两只喜鹊；观画眼，若是"日"字纹，那就最有可能是"丹凤朝阳"了，不用查看剩余纹饰，便可知围合的图案一定是一凤一牡丹。但因为铜扣很小，又受到材料和制作工艺的限制，即使使用写实的刻画手法，有些相似的物象还是不容易准确区分表达出来，所以往往存在相似的图像，如荷花与牡丹的刻画就极其相似。所以若有一支立式花，将会有两种可能性，如果是两只鸭子，那就是"黄甲传胪"；如果还是花卉纹饰，那么就是"缠枝牡丹"了。正所谓画龙点睛，观画眼，如同找到通往宝藏的入口，一切谜底将被揭开。也因为画眼点题的刻画特点，对于装饰图案的分类，也以画眼的内容来决定。比如同是"喜上眉梢"，画眼却有不同：画眼是梅花的，纹饰要归类到植物类图案；如果是喜鹊，则要归类到动物类图案。

（三）或写实，或高度夸张的写意表现手法

在铜扣的装饰图案表现中，运用最广泛的是写实表现手法，图案纹饰的信息在传达过程中如实、直接地展示物象和主题，完全对照现实。这样的表现对于穿着者来说，信息准确、通俗易懂、生动形象，很受欢迎。

最能展现创意技巧的是写意表现手法的应用。传统吉祥图案通常所包含的信息量是非常大的，而且有些常见的吉祥图案的内容是相对复杂的，如果再遇到主体核心对象的造型非常复杂，若想将全部物象准确地呈现在铜扣这有限的空间之上，显然是非常困难的，所以对物象的再提炼、再简化设计就是必需的。

从实物来看，很多纹饰最终的形象看起来有些夸张，个别还趋向了抽象。比如"梅妻鹤子"和"金鹊报喜"对鹤与鹊的造型都是经过精心提炼设计的，与现实形象差距比较大的艺术形象。无论是写实还是写意，都是视觉传达的再现手法，都可以从中洞悉制作者的独具匠心。

（四）以小示大的艺术

按照实体扣子的大小来推算，铜扣的纹饰所占面积不过约在 1.2~2 平方厘米内。但就在这方寸之间，可以品读到喜鹊已经登上了梅花枝头，喳喳而叫，所谓"晨闻其声，其日有喜"，就是要有吉祥、喜庆、好运到来了。

还可以品读到鸟中之王和花中之王的天作之合，为人们唱响美好、光明和幸福的未来，甚至可以品读到宋代林逋的隐逸与潇洒。如此之小的范围却承载了缠枝牡丹、杏林

双燕、黄甲传胪、丹凤朝阳、梅妻鹤子、三世有余、凤穿牡丹、金鹊报喜等如此丰富而又博大精深的中国经典传统文化，的确令人惊叹。它虽如此之小，却以无穷的力量震撼着人们。在其他主流文化遗产上所能看到的文化符号，在铜扣上一样可以看到。方寸虽小，却能意趣盎然、魅力无穷，所以它是典型的以小物件承载大文化的艺术文化遗产。

第九章　广西民族服饰元素在服装设计中的创新应用

第一节　广西民族服饰元素在礼服中的应用

礼服产生于社交活动中，在晚间或日间的鸡尾酒会、正式聚会、仪式、典礼上穿着的礼仪用服装，也是职业女性在职业场合出席庆典、仪式时穿着的礼仪服装。在婚宴现场、会务宴席以及节目表演有时也会穿着礼服。正式礼服一般是下午六时以后出席正式晚宴、观看戏剧、听音乐会以及参加大型舞会、晚间婚礼时所穿着的正式礼服。准礼服（酒会）是下午三时至六时朋友之间交往的非正式酒会。晚礼服是晚上八点以后穿着的正式礼服，是女士礼服中最高档次、最具特色、充分展示个性的礼服样式，又称夜礼服、晚宴服、舞会服。常与披肩、外套、斗篷之类的衣服相配，与华美的装饰手套等共同构成整体装束效果。

随着文化的快速发展和审美水平的进步，现代礼服设计的实施，开始从一些新的角度出发，更加希望将民族的元素更好应用，这样就可以在现代礼服设计上增添较多的特色，对于将来设计水平的提升，会产生很大的积极作用。

一、壮族元素在礼服设计上的应用

（一）壮族服饰元素的特点

1. 款式特点

现代服装设计在落实的过程中，有很多方面的工作，都要从长远的角度来出发，如果仅仅是追求当下的短季流行，并不能给现代社会的发展带来更多的帮助，也无法在客观的工作水平上大幅度地提升。就在此时，壮族服饰元素的应用，引起了很多设计师的注意，如果在该方面的款式、特点上积极地把控，将很容易在现代服装设计上得到一定的突破，由此得到的服装设计成果也会十分优良。分析认为，壮族服饰元素的款式特点主要集中在以下几个方面：

第一，壮族的男子服饰在设计的过程中，款式相对简洁，同时在区域的差异性并不是特别大。壮族男子服饰比较注重将自身的一些文化内涵有效地融合进去，这样就可以充分地凸显自身的文化特色。例如，男士服饰的上身位置，通常情况下是无领对襟上衣，有些服饰也会在衣襟的边缘位置镶嵌花边，从而显得更加靓丽，色彩更加鲜艳。

第二，壮族的女子服饰在设计的过程中，注重端庄朴素，更偏向于偏襟无领阑干上衣，或者是对襟扣襻上衣，下身的服饰配合上，主要是表现为黑色的肥型长裤为主，在裤脚的位置存在明显的阑干镶边。

2. 纹样特征

壮族服饰元素在经过长久的发展以后，一方面对现代服装设计的理念和内容积极地接受，另一方面也在自身的服饰文化上不断地凸显，由此就形成了比较有特色的纹样内涵，这样不仅可以在服饰的文化展现上得到良好的效果，对于日常的穿着而言，也非常有民族审美特色。经过大量的总结与分析，认为在壮族服饰元素当中，纹样特征主要是表现在以下几个方面：

第一，抽象的几何纹样应用较多，在大部分的情况下，其主要是通过重复组构的形式来做出积极的展现，这充分表现了壮族人民积极向上的生活态度。在抽象的纹样表达当中，包括了云气纹、水波纹等，这些纹样都是壮族服饰元素的特色内容，同时也得到了其他民族的欢迎和认可。

第二，神话的纹样以龙纹样为主，而在应用过程中，会充分地结合花草的纹样来共同绘制完成。龙作为中华民族的重要图腾，在壮族服饰元素当中占有非常重要的地位，可是壮族人民生活在清新的大自然环境当中，因此在龙的纹样应用过程中，不可避免地会与自然的花草相互结合，这样就形成了一种亲民的韵律感，得到的纹样效果特别显著。

第三，鱼虫花草纹样的实施，也是壮族服饰元素的重要组成部分。相比而言，鱼虫花草的纹样应用过程中，并没有在工笔的写实描绘上投入较多的努力，而是会积极地对这些纹样的内在美做出良好的提炼，从而帮助壮族服饰元素的展现，达到源远流长的效果。

（二）壮族服饰元素在礼服设计当中的应用

壮族服饰元素在应用的过程中，有很多的途径可以操作，并不是完全拘泥在传统的应用形式上。对于壮族服饰元素的应用，可以尝试与现代服装设计理念结合。如今，人们对现代服饰的追求并不是趋向于同一的视觉感受，正因为这样我们才要敢于创新。所谓创新，并不是摒弃过去的一切，而是在创新的基础上更好地传承和发展民族元素，要推陈出新，革故鼎新，把民族元素展现在新的时代潮流上，通过创新使民族元素深入人心，同时展开人们新的视觉感受。所以，在现代服饰中运用民族服饰的好处在于，能够最大限度地帮助壮族服饰元素更好地向前发展，在现代服装设计理念当中应用时，也可以创造出较高的价值。

1. 壮族服饰刺绣元素在礼服设计当中的直接应用

刺绣是在面料或服装上用各色绣花线和亮片等材料用手工或机械绣出纹样图案的工艺，是中国传统服饰的工艺之一。壮族刺绣有人物、鸟兽、花卉等，五花八门，色彩斑斓。其种类很多，针法也变化丰富，色彩有单色、复色之分，无论是日常便服还是高级礼服，运用刺绣工艺装饰，都能给服装增添秀丽高雅的魅力。通过市场调研得到，在礼服设计中，运用花卉图案刺绣占70%，鸟兽图案占10%，人物图案占10%，风景图案占10%。其中，花卉图案中主要有牡丹、玫瑰、桃花、梅花、木棉、紫荆、百合花等，运用写实的手法，绘制花卉的图案，直接应用在礼服设计相应部位上，突出花卉的造型和刺绣的装饰效果。刺绣元素直接应用在礼服上，一般常在礼服的领子、袖口、衣摆、门襟、胸部、背部、裤腿等重要部位进行刺绣，在这些地方刺绣容易成为整体的视觉中心，重点突出，整体协调统一，具备一定的观赏性。

2. 壮族服饰刺绣元素在礼服设计当中的间接应用

刺绣元素的间接应用主要指增加立体感，通过面料的混搭、色彩的搭配、刺绣针法的变化，形成新的视觉效果，使得刺绣部位更加立体，增添服装的层次和造型美感。例如，苏绣里的乱针绣和一般的针法有区别，近看针法杂乱，但远看视觉效果非常好，可以尝试在礼服设计中采用乱针绣、珠绣等针法，在二维的面料空间中塑造出三维立体的视觉效果，为礼服的设计添彩。而在礼服的面料材质上，壮族服饰则多以棉、麻为主。通过这样的手工以及材质做出的成品服饰纹理细腻，质感强韧，具有很高的使用价值和观赏价值。

（三）设计案例

案例：《壮·黛》（作者：曾琴桃，指导老师：黄玉立）

设计案例是以壮族传统服饰元素为核心，强调坚持传统和创新的结合，两者相互包容、进步，创造出适应现代发展节奏的民族服饰，使民族精神、民族形象通过服装得到更好的体现。

工艺说明：蜡染、刺绣、缝钻。蜡染用蜡刀蘸熔蜡绘花于布后以蓝靛浸染，既染去蜡，布面就呈现出蓝底白花或白底蓝花的多种图案；刺绣先以剪纸贴于绸、布，后按设色意图用平针、抢针、盘针等法绣制。图案纹样多以几何纹、回字纹、荷花为主；缝钻的部位后面有孔，像纽扣一样，用线缝在衣服上（图9-1~图9-5）。

图9-1 《壮·黛》系列（一）

图9-2 《壮·黛》系列（二）

图9-3 《壮·黛》系列（三）

图 9-4 《壮·黛》系列（四）

图 9-5 《壮·黛》系列（五）

二、彝族元素在礼服设计上的应用

彝族服饰特征鲜明、色彩艳丽，有着独特的民族风貌。将彝族服饰与现代礼服的款式、结构、审美等融合碰撞，不仅可以提升礼服的美感，丰富礼服的装饰内涵，又具有较强的创新性，同时还肩负着民族文化、民族民间工艺的传承与创新的历史重任。

（一）彝族服饰的特征及文化内涵

在历史的长河中，彝族服饰不仅仅具有原初的实用功能，同时包含了彝族的历史文化、信仰、人文风情以及民族发展的历史脉络。彝族服饰绚烂多彩，不仅有着丰富的款式、独特的结构，同时蕴含着传统手工艺的独特魅力和艺术价值。彝族服饰犹如一面镜子，透过这面镜子能展现出彝族特有的文化、审美等。彝族服饰在经过历时演变、迁徙、融合等之后，逐渐形成独具特色的服饰特色。

1. 色彩特征

彝族本就是尚黑的民族，从"东爨乌蛮"的历史称谓，到"诺糯苏尼苏"等的自我认定（诺糯尼等意即为黑），都与黑色脱不了关系。服饰中以黑色、红色为主，红色代表血液、热情、火红的马缨花的色彩，"马缨花"作为彝族的"花神"，有着悠久的文化和寓意。传说彝族的祖先在发洪水的时候依靠马缨木得以逃生，彝族的后代才能够延续下来，因此彝族服饰中大量出现马缨花的图案，象征着生命的延续，表达了"希望"与"吉祥"的情感。色彩以"黑""红"为主，基础用色为"黑""红""黄"，三种颜色搭配，鲜明且具有标志性，体现民族的典型特色。在彝族妇女的传统审美引导下，在服饰的整体造型中常常搭配"白、绿、蓝"，将服装色彩呈现得主次分明、协调统一。

2. 纹样特征

彝族服饰中的装饰纹样主要有植物纹样、动物纹样、图腾纹样、生活纹样等。植物纹样选材主要来自自然界的植物，在最原始的审美下，彝族妇女会将自然界中见到的、在朴素审美的影响下变化归纳的植物的形态，变换成纹样装饰在服装中。植物纹样主要有牛眼纹、鸡冠纹、蕨纹、茄子纹、苏麻纹、菜籽纹、瓜子纹、蒜纹、羊角纹，动物纹样主要有龙纹、孔雀纹。太阳不仅给人类带来光和热，同时彝族人认为太阳具有驱魔、消灾的功能，这又给太阳纹带来了图腾崇拜的意味，太阳纹的运用也广泛出现在服装的装饰中。如此种种，充分展示出彝族人民的文化信仰和对图腾符号的崇拜。生活纹样来自人们生活的方方面面，如自然界的山川河流、日月星空，生活、纺织等过程中的劳作工具，如窗格纹、铁环纹、栅栏纹、渔网纹、经纬线纹等。这些纹样皆来自彝族妇女传统的审美以及对大自然、生活、信仰的感悟和理解，透过民族服饰纹样，能够更好地理解彝族的文化。

3. 工艺特征

彝族服饰中主要采用的工艺手法有刺绣、挑花、贴布绣等，彝族刺绣的突出特征是绣工精湛、针法细腻、色彩渐变自然。有时为了突出某个部位，常常使用多种针法和工艺手法来表现，达到"有简有繁""重点突出"的效果。彝族刺绣色彩有鲜明、丰富和华丽等特点，纹样具有明确的吉祥象征含义，常见的纹样有马缨花、鸡冠纹和以几何图形构成的山水、日月和动物等。彝族刺绣中的马缨花纹样具有写实明了、用色鲜艳等特点，而鸡冠纹寓意着家庭兴旺、和谐美满，这些体现了彝族刺绣"纹必有寓意，且寓意吉祥"的美学价值。

（二）彝族服饰元素在礼服设计中的创新实践

传统的彝族服饰有一种"五色观"的方法，就是主要有5个颜色，而现代礼服当中主要运用的黑色、白色、灰色还有红色，跟它是不谋而合的。特别是黑色，在礼服当中是主流颜色，而黑色在彝族服饰当中是最为被崇敬的一个颜色。

案例一：《彝转》（作者：孔德娇，指导老师：黄玉立）

彝族服饰那种低调又神秘的感觉，也和现代礼服有着某种契合点。于是，将彝族元素与现代礼服结合的作品《彝转》诞生了（图9-6~图9-10）。

1. 设计灵感

来源于传统彝族服饰。彝族是中国第六大少数民族，民族服饰风格独特，民俗的文化因子浓郁。设计主要是运用彝族的元素为承载，借用彝族的火的元素在服装上进行刺绣，打造一种破碎感，形成一种肌理美，并吸取了彝族服饰的图案纹样、色彩，将其运用到礼服的设计中，在传统中实现创新，增加服装的艺术文化内涵。

图9-6 《彝转》系列（一）

2. 面料选用

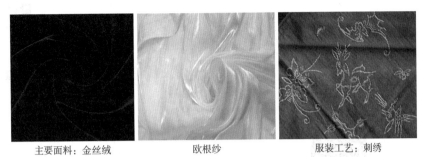

主要面料：金丝绒   欧根纱   服装工艺：刺绣

图 9-7 《彝转》系列（二）

图 9-8 《彝转》系列（三）

图 9-9 《彝转》系列（四）

图 9-10 《彝转》系列（五）

案例二:《火彝》(作者：黄心怡，指导老师：黄玉立）

灵感来源于彝族的火把节，起源于人们对火的崇拜，红色如火焰一般热烈，也是代表彝族的象征色，主要使用彝族最常见的三种颜色：红色、蓝色、黑色，也将传承服饰图案与现代礼服轮廓相结合，吸取传统元素实现创新，创造出全新的服装视觉效果（图 9-11~ 图 9-17）。

图 9-11 《火彝》系列（一）

de2432

080126

20519b

图 9-12 《火彝》系列（二）

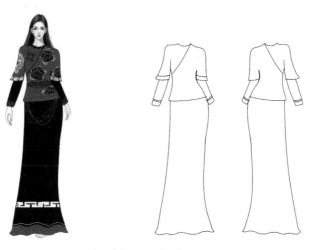

图 9-13 《火彝》系列（三）

面料：主要采用印花面料、棉麻面料，表现传统与原始，长短不一的裙摆设计使服装结构上有变化。

图 9-14 《火彝》系列（四）

正面　　　　　　　　　　背面

图 9-15　《火彝》系列（五）

正面　　　　　　　　　　背面

图 9-16　《火彝》系列（六）

正面　　　　　　　　　　　背面

图 9-17　《火彝》系列（七）

三、侗族元素在礼服设计的应用

侗族拥有自身独特的服饰文化，近几年也不断被设计师创新挖掘，在各大时装周上表现出来。通过现代服装设计中侗族服饰的运用及其未来的发展，分析侗族服饰元素与现代礼服设计的创新结合，从而满足现代人们的审美需求。

（一）侗族服装特点

侗族女性的服饰千姿百态。侗族服饰的刺绣图案都是原始带有灵气的大自然中的万物，给人一种质朴、优雅又充满神秘的气息，侗族的刺绣图案区别于其他的民族图案，是有很大寓意的，他们的图案代表着对神灵的敬畏，将这种图案运用到礼服中可以表现女性的神秘感。

1. 侗族服饰的款式特点

侗族服饰款式简约大方，衣服是右开襟，衣领、袖口、右襟多镶有彩色花边，妇女的衣服花边比较多和宽，大多数的妇女系围裙和背带，背带上绣着各种各样的纹样图案，非常精美，腰间还束一条花腰。平时穿着的裤子和衣服都是宽松型的，便于劳动。在衣

141

服的袖口、领口或是裤子的裤口有装饰，大多为精细的刺绣。

2. 侗族服装的颜色特点

侗族服饰所用的布料，一般都是侗族人民自己纺织的，他们在颜色上比较喜欢青色、白色、蓝色、紫色、黑色等，黑色的衣服一般在春季、秋季、冬季的时候穿着，在夏季的时候穿白色，紫色则是在重大的节日穿。总的来说，侗族服饰的色彩讲究配合，通常以一种深色调的颜色为主，类比色为辅，再用对比色颜色做装饰，这样的装饰效果十分抢眼，主次分明，色调明快恬静、柔和。

3. 侗族刺绣的图案特点

侗族人民在服装的装饰上是十分精致的，如在衣服的领、襟、袖处镶上简单的花边。盛装更是精心制作，从头到脚，色彩斑斓，十分讲究。如侗族的妇女喜欢在衣裳的领口、袖口、衣襟边和围裙上绣各种花鸟以及山水纹样，形成一种美丽的图案花纹。侗族是古越人的后裔，古越人种植水稻较早，所以侗族服饰上有许多纹样图案都是以谷粒纹、桂花纹、花瓣纹、田螺纹、水车花等为主。

（二）侗族服饰元素的引用

1. 侗族服饰颜色的引用

颜色对服装来说很重要，颜色选择得好，那衣服给人的第一印象就会很深刻。设计一套令人耳目一新的礼服，首先是对流行色的把握，黑灰色、暗灰色和银灰色等结合的双肩带、抹胸和高口领口的波西米亚风格礼服，兼具神秘和性感之美，黑色一直都是流行的主要颜色，而且黑色总能给人一种神秘的感觉。侗族服饰中，神秘灰色调，以及配饰刺绣的灰度系色调，总给人一种不一样的意境，透着神秘而又很美丽，所有礼服的设计将这种高级灰融合进去，再结合少许亮色相互衬托，定能展现不一样的韵律。

2. 侗族服饰款式的引用

礼服的款式多种多样，各种高级定制礼服中，百褶花边的礼服裙显得十分迷人；流苏长款拖地礼服一样很吸引人眼球；鱼尾礼服裙完美地展现了女性的身材；但是想要脱颖而出，就需要打破常规，塑造独具一格的廓型。而侗族服饰在款式造型上外观造型和内部结构既简约，又打破常规裙子的廓型，采用不规则的分割，将廓型夸张化、特殊化；侗族服饰的设计在衣服的袖口或者是领口、襟边、腰间等部位绣花，而其他部位则是以深色布料为主不做任何的修饰，整体的款式造型显得较为宽松、夸张，增强了礼服的视觉的冲击力和美观性。

3. 侗族服饰刺绣的引用

通过对侗族服饰的实地考察发现，侗族服饰的刺绣纹样和其服装的款式结构尤为特殊。侗族的纹样与其他民族的纹样不同，侗族的刺绣是侗族人民宽厚、柔和的民族性格的体现，表现的内容多是先民原始崇拜的传承。刺绣的纹样图案千奇百怪，特别是一些没有见过的鸟兽纹样，刺绣在颜色上也是各色各样，有的色彩鲜艳强烈，有的则是沉稳大气。如将这种独特的侗族刺绣纹样采用拼接的方式，融合到礼服的领口、袖口、腰间等部位，不仅可以把侗族的服饰文化引用到流行服饰中，而且增加了服装的可观赏性，使礼服更具神秘和高贵感。

4. 侗族服饰配饰的引用

侗族的配饰均为银饰，过去这些精美的银饰大多在头部及手腕佩戴，试想将银饰装扮在衣服上，利用钉珠和烫钻的手工技术来装饰礼服，更增强了服装的视觉感，同时也增加了服装的光泽度；银饰同样可以制作礼服的腰封，因为礼服基本上都是收腰的，腰封的装饰可以使收腰的效果更加明显，腰封可以用侗族的刺绣工艺制作，然后根据花形的纹路在腰封上加上银饰元素的小装饰物，整体效果必然十分抢眼。

第二节 广西民族服饰元素在休闲服中的应用

一、休闲服的概念

随着人类社会的不断进步发展，现今城市休闲时间和休闲阶层增多了，生活质量提高了，人们将平和、随意融入生活中每一个角落。因此，赋予了休闲服新的内涵，即指人们在工作时间以外的休息、度假、旅游、疗养时所穿着的轻便型日常服，又俗称便装。包括家居休闲服和户外休闲服两大类。

（一）家居休闲服

家居休闲服是指在家庭范围内穿着的服装形式。家居生活是轻松、惬意的，这就要求其服装具备宽松、舒适、温馨的特点，使人们在繁忙的工作之余身心得到彻底的放松和休息。

（二）户外休闲服

家居休闲服通常只限于人们在室内穿用。而户外休闲服则主要指从事户外休闲活动时的着装，如旅游、购物、会友、垂钓、登山等。因此，其设计空间更灵活、更广阔。

由于现代人生活节奏的加快和工作压力的增大，使人们在业余时间追求一种放松、悠闲的心境，反映在服饰观念上，便是越来越漠视习俗，不愿受潮流的约束，寻求一种舒适、自然的新型外包装。

因此，休闲服装便以不可阻挡之势侵入了正规服装的世袭领地（一些重大、正规的社交场合除外）。户外休闲服是日常生活便服，其服装风格为宽松舒适、方便穿脱。

1. 户外休闲服的分类

一般可以分为时尚前卫休闲、运动休闲、复古休闲、民俗休闲等。

（1）时尚前卫休闲服

运用新型质地的面料，风格偏向未来型，如用闪光面料制作的太空衫，是对未来穿着的想象，而镂空、流苏、做旧等细节设计是这类服装惯用的设计手法，往往受到前卫、新锐的青年人的追捧。

（2）运动休闲服

具有明显的功能作用，以便在休闲运动中能够舒展自如，它以良好的自由度、功能性和运动感赢得了大众的青睐。如全棉 T 恤、涤棉套衫以及运动板鞋等，是最受年轻人推崇的服饰类别。

（3）复古休闲服

构思简洁单纯，款式造型典雅端庄，强调面料的质地和精良的剪裁，显示出一种传统的古典美。这类服装往往是知性女性和中老年人的最爱。

（4）民俗休闲服

巧妙地将民族服饰图案及蜡染、扎染、泼染、手绣等民间工艺应用于服饰设计中，使服装具有浓郁的民俗风味。这类服装款式造型简洁、宽松，突出局部的细节设计。但设计师应把握好装饰度，装饰性太强的话，便不适宜在日常生活中穿用。

2. 户外休闲服的设计要点

休闲服越来越成为现代都市生活的衣装。敏感的服装界，雨后春笋般地涌现出许许多多的品牌休闲装。由于休闲服概念广泛、内涵丰富，除了前述几种类型外，它已被演绎成诸多风格、种类的日常装。

如青春风格的休闲服，通常设计新颖、造型简洁，有粗犷的形象，塑造强烈的个性；浪漫休闲服，以柔和圆顺的线条、变化丰富的浅淡色调、宽宽松松的超大形象，营造出一种浪漫的氛围和休闲的格调；典雅型休闲服，追求绅士般的悠闲生活情趣，服饰轻松、高雅、富有情趣。但不论是何种风格的休闲服，设计师都应了解和掌握其设计要点。

（1）款式造型

款式变化丰富、灵活，具有极强的适应性。

几乎所有的服装基本外形和由基本外形演变的其他外形均可运用于休闲服的设计中。几乎所有的装饰手法和设计元素都能在休闲服装中体现。

常见的服装款式有针织毛衣、休闲夹克、牛仔裤或裙、T恤、宽松式直筒裤、沙滩裤等。

（2）装饰手法

常用的装饰手法有绣花、补花、抽折、花边、钩编、流苏、镶边、镂空等。服饰搭配随意轻松、活泼靓丽，如休闲挎包、护腕、休闲手表、太阳帽、太阳镜、运动便鞋等。

（3）色彩配置

户外休闲服在设计过程中，还应强化其功能性，在色彩、材料、造型等功能上有着不同的要求，尤其是运动便服，如登山、攀岩服装的色彩要有识别性，应采用高明度的鲜艳色彩，且封闭的造型结构要能起到保护身体的作用。

（4）服装材料

常选用麻质、土布、纯棉、羊毛、帆布或化纤等织物。易洗耐磨、轻便的服装材料及背包、腰包、太阳镜、手套、便鞋等都是此类服装设计不可忽视的部分。同时，可以装扮出多种富有个性的风格，如田园浪漫风格、活泼性感风格、潇洒豪放风格等。

二、苗族服饰元素在休闲服中的应用

广西现有苗族人四十多万，在广西各地均有分散或集中居住。广西苗族男子上身穿短衣，款式为对襟或大襟，下身为系腰带的长裤，头部缠绕青色头布。广西苗族女子的服饰款式有很多种，不同地区和山寨之间的款式有所差异。广西苗族的女子在日常生活中一般穿简洁大方的短上衣和长短褶子裙，头上挽发髻包裹头巾。在隆重仪式或重大节日时，广西苗族女子会身着盛装，衣裙色彩明丽鲜艳、细节考究、层次分明、配饰众多，非常引人注目。正因为广西苗族服饰具有独特的魅力和很高的审美价值，其已经在世界范围内有了较高的美誉度，也已成为国内外设计作品的灵感来源。

（一）美观的造型

在广西苗族服饰最具代表性的元素中，最典型的莫过于造型元素。在现代服装设计中，造型元素也是最重要的元素。广西苗族服饰的整体造型设计和图案都具有深厚的文化艺术底蕴，也体现了苗族人民勤劳朴实、淳朴善良的个性。广西苗族服饰款式和造型繁多，有性别和年龄的区别，还分为盛装和便装以及地区性的差异，特别是妇女服饰，极为绚丽多姿。广西苗族服饰最常见的造型有叠穿、包缠和披挂三种。

1. 图案造型

广西苗族的服饰中有多种很有代表性的图案，在内容上看有植物纹、动物纹、几何纹、生活生产类纹、自然环境及自然现象类纹等。例如，枫叶和蝴蝶这两种图案都来自蝴蝶妈妈和枫树的传说。广西苗族原是从不同地方迁徙而来，并将其他民族和现代化的文化元素融入他们的服饰当中。因此，广西苗族服饰款式和图案造型复杂多样，表现手法灵活，色彩绚丽柔和，具有多样性的美感。有些地方的苗族服饰甚至已经打破了以单色为主色调的传统设计，将各种鲜艳的色彩都汇聚到同一款服饰上，让苗族的服饰更具有了多姿多彩的现代化气息。

2. 叠穿造型

广西苗族叠穿造型在男女服装中都有所体现，在女子服饰中体现得更加明显，如有的女子会在短衣外再在肩部披挂一件缝制刺绣的带穗子裁片作为披肩。这样的叠穿法层次突出，能使穿衣者气质显得更加典雅端庄。与这种上衣相衬的下装是褶裙，为了凸显女子的身形之美，腰部还采用彩色绣带固定，整体过渡自然、浑然一体。这种叠穿方式是一种立体式的呈现，女子穿着这种造型的服饰行走在秀美的山川之间，就像是鲜艳的花朵。叠穿所要达到的效果是烘托穿衣者的形体美，使其更具有灵动的风韵和气质，因此这种造型主要强调的是服饰设计的立体感和层次感。

以广西苗族女子服饰为例，女装上衣有两层，外面的一层是披肩，披肩可以视为一种半立体的造型，直接披挂在肩膀上。第二层一般是长袖衫，没有过多的坠饰，穿脱很方便。下装的褶裙以一条腰带束扎于腰间来塑造形体曲线。褶裙的最初制作方式也不复杂，直接将一块长方形的裁片按照腰部的尺寸进行裁剪，然后用腰带固定在腰际。由于人的曲线型形体，褶裙被裁剪完成的余料便自然堆叠在形体四周，形成一个固定形态，久而久之就成了叠穿的造型（图 9-18 ~ 图 9-20）。

案例：《苗灵》（作者：邓菲菲，指导老师：黄玉立）

设计说明：本系列服装灵感来源于我国少数民族之一的苗族，面料与花纹均借鉴了苗族的传统服饰，使用苗族元素作为设计点之一主要是为了让少数民族的传统文化和传统工艺得到进一步的推广，让少数民族元素活跃在世界的舞台上。

图 9-18 《苗灵》系列（一）

图 9-19 《苗灵》系列（二）

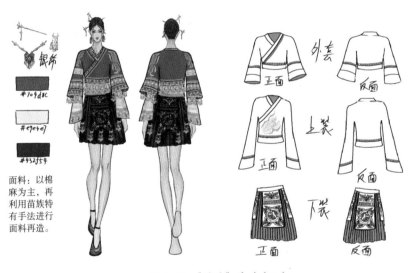

图 9-20 《苗灵》系列（三）

（二）精湛的工艺

广西苗族服饰选用的材质都很考究，面料、染布、银饰品、刺绣图纹非常丰富，手感细腻，这种考究的材质也体现了服饰整体的精湛工艺和精细做工。广西苗族服饰最典型的工艺有刺绣、蜡染、银饰、编制、布贴、挑花等。不同的地区有不同的工艺和风格，一套精美的服装往往需要花费很长的时间才能完成。

广西苗族的刺绣有着悠久的历史，代表了我国少数民族刺绣的最高水平，体现出精湛的技艺和独特的民族风格。苗族的刺绣技法被列为与苏绣、蜀绣齐名的中国名绣，在同一图案中，以一种刺绣为主，其他刺绣作为陪衬，使整个绣品显得更加丰富多彩。蜡染同样是一种很古老的工艺，先后由画和染两道工序完成。具体操作方法是先用蜡刀蘸上防染材料在布料上画出纹样，画好图案后将布料放入蓝靛缸中浸染，然后加热去除防染材料晾干即可。不过需要注意的是，在画纹样时要做到非常规范和精准，落笔不改，一次到位。银饰是广西苗族服饰中的一大特色。在苗族人的意识中，银饰是幸运和吉祥的象征，苗族女子很早就有佩戴银饰的习俗，甚至有些盛装女子会佩戴 20 斤以上的银饰。苗族银饰的做工也是非常讲究和精致的，虽然简约，但对制作技艺有非常高的要求。

三、壮锦元素在休闲服中的应用

壮锦作为壮族人民创造的宝贵物质财富，曾经是人们不可或缺的生活用品，随着现代纺织服装技术的发展，它逐渐淡出人们的生活；但壮锦所蕴含的文化积累和独特的美学价值让人们永久回味。新时期以来，壮锦以其新的面目回归到人们的视野，如服饰品、家居产品等，但总体来讲，其传承形式显得粗放、单一；壮锦纹样的再设计、新纺织印染技术开发及壮锦元素的时尚服饰品牌开发将使这一局面获得良好改观。

（一）壮锦的艺术特征及现状

广西壮锦被列入中国第一批非物质文化遗产名录，是中国四大名锦中唯一的少数民族织锦，其以棉纱为经线，多种颜色的丝绒为纬线交织制作，壮锦工艺人采用的色料都是纯天然染料，从当地的野生植物和矿物当中提取。壮族人民多偏爱喜庆的重色，以红黄色、蓝色、绿色为基础，其他颜色为补色，有强烈的色彩对比。壮族中流传着一句"红配绿，看不俗"的俗语，具有浓艳、粗犷的艺术风格。除了色彩方面有他们自己的要求，在花纹图案上也是如此。壮锦的花纹图案喜欢把大自然一起记录上，花草树木、虫鱼鸟兽、各色人文景观，富有开朗、充满热情的民族风情。

壮锦图案纹样造型概括简练、朴实大方，在形式上主要有几何纹样、自然纹样、装饰纹样三种；在内容题材上，以大自然为丰富的创作源泉，将鱼、鸟、花、虫等提炼加工，设计成一幅幅精美的图案。几千年来，壮族人民创造了丰富多彩的壮锦图案，在民间装饰艺术中大放异彩。

（二）壮锦纹样的再设计

壮锦的图案纹样精致美观、独特别致，是壮族人民智慧的结晶，传统的壮锦图案来自壮族人民对大自然的观察和联想，其经历了从单色调到多色系，从简单到复杂的过程。壮锦最开始的纹样是以正方形为基础。随着社会发展繁荣，到了明清时期，开始有了多样的几何图形和动物的花纹图样，壮锦的图案纹样可以分为几何纹样、艺术字纹样、植物纹样、动物纹样、主题性纹样等。最多的是几何纹样，主要是方形、菱形、八边形、圆形等多边形结构，其中菱形纹是最常见的，还会在菱形结构中加入其他纹样。最常见的植物纹样如稻穗纹、树纹、桂花纹、梅花纹、八角花纹等。在动物纹当中，最高贵的也就是"龙纹"和"凤纹"了。龙是壮族人民的崇敬物，有着至高无上的地位，它被称为"水神"，能够帮助农作物风调雨顺，开花结果。而凤是鸟图腾的升华，能够赐福给人民。

壮锦的艺术价值主要在于：一是壮锦独特的织造工艺；二是壮锦独特的图形符号及色彩。而其织造方式由于手工操作的不可替代性已经濒临失传，但其独特的图形符号、排列方式、色彩搭配等具有鲜明的民族特色、丰富的文化内涵，是当今设计领域特别是纺织服装设计中不可多得的素材。我们可以通过不同形式的变形组合、单元形的创新重组、色彩的再设计、现代化图案的应用等使其可以适应现代的服饰品设计，如帽子、丝巾、领带等服饰品。

传统的壮锦纹样由于多出现在背面、背带及服饰的边缘等部位，纹样的构成形式及单位大小有一定的局限性；相对于流行时尚更替频繁、个性彰显的时代特征，传统壮锦纹样显得更加古朴、醇厚而浓艳，它也有属于它的未来。

（三）壮锦纹样在休闲服饰品设计中的应用

服饰品包括覆盖头部至四肢及身体其他裸露部分的各种装饰品，如帽子、鞋子；也包括服装上的各种装饰，如胸针、领带及包袋等。服饰品除了对人体有重要防护功能外，其装饰性功能也不容忽视，它的适用领域更为宽广、装饰性更强，在某种场合更能彰显明显的个人风格。少数民族风格的服饰品因其浓郁的地域特色、夸张的色彩搭配及神秘的符号性深受着装者拥护。

图 9-21～图 9-25 为《壮盛金韵》系列（作者：杨松瑶，指导老师：黄玉立），选取四大名锦之一——壮锦的传统纹样菱格田字纹、八角星纹等进行再创作，运用到壮族传统服饰中来，该系列颜色主色调选用了靛蓝色，沉稳大方的同时用零星的艳色进行点缀，极具壮族特色。这些壮锦元素的服饰品设计既保留了壮锦纹样的几何构成特征，又对其单元形和色彩进行了重新编排和设计，使传统的壮锦元素焕发出时尚、现代的风格。

本系列服装选取四大名锦之———壮锦的传统纹样菱格田字纹、八角星纹等进行再创作，运用到壮族传统服饰中来，该系列颜色主色调选用了靛蓝色，沉稳大方的同时用零星的艳色进行点缀，极具壮族特色。

图 9-21 《壮盛金韵》系列（一）

图 9-22 《壮盛金韵》系列（二）

图 9-23 《壮盛金韵》系列（三）

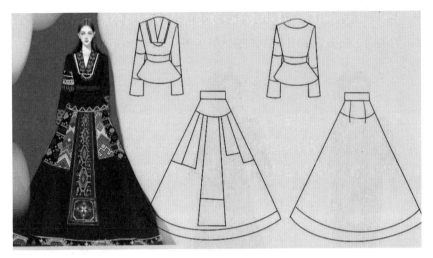

图 9-24　《壮盛金韵》系列（四）

图 9-25　《壮盛金韵》系列（五）

四、侗族元素在休闲服饰的应用

侗族女性的服饰千姿百态，或款式不同，或装饰部位不同，或图案和工艺不同，或色彩和发型、头帕不同，她们平时穿着便装，讲求实用，盛装时注重装饰审美，朴素与华贵相得益彰。根据整个侗族妇女服装特点，可将侗族服装分为三种款式，即紧束型裙装、宽松型裙装和裤装。

保护与发扬民族传统服饰文化的关键在于继承和创新，只有将二者结合，才能呈现出优秀的设计。《侗艺》以侗族花草纹、回纹等为设计主题，进行侗族服装的设计，主要颜色以侗族日常穿着的深蓝色以及紫色为主，在结构上进行分割，工艺上采用拼缝与侗绣的手法，本系列适穿于 14～40 岁的女性，属于日常装。《侗艺》系列（作者：韦秋琴，指导老师：黄玉立）服装效果图及款式图如图 9-26～图 9-29 所示。

图 9-26 《侗艺》系列（一）

图 9-27 《侗艺》系列（二）

图 9-28 《侗艺》系列（三）

图 9-29 《侗艺》系列（四）

第三节 广西民族服饰元素在箱包设计中的应用

在现代箱包产品设计中，将广西民族传统元素应用在箱包设计中，不仅有助于提升

153

箱包的整体艺术感，也是传播和发扬优秀传统文化的有效途径。

一、广西民族元素在箱包设计中的应用原则

丰富多彩的广西少数民族传统服饰文化，被越来越多的箱包设计师应用在现代箱包产品设计中，这不仅是一种箱包创新设计的有效途径，更是对民族传统文化的继承、发扬与传承。作为一名优秀的箱包设计师，在应用各种传统少数民族元素时，应遵循以下两个原则：

（一）符合当代审美要求

在目前的国潮风盛行时期，越来越多的设计师开始在中国传统文化元素中寻找设计灵感，但市场上部分设计师在进行具有民族特色箱包产品设计时，往往容易出现极端化的现象，过度沉浸在民族文化元素中，不关注当下的箱包流行趋势，也不关注现代消费者的审美趋势，单纯地在自己的世界里闭门造车，这种情况下设计出来的作品虽然很有本土特色，但缺乏当前世界主流审美的认同，从而导致设计作品很难走上国际舞台，甚至很难被国内的大众消费者所接受。所以，在将传统元素运用于当代设计作品中时，不能只停留在对传统元素的直接搬用，而是要结合当下的流行趋势和审美标准，取其精华，以此为基础进行重构再设计。

（二）创新性原则

放眼当下的国潮风市场，大多数产品似乎并没有形成统一的中国风格，市场上盲目抄袭、模仿现象非常严重，缺乏设计师自己的设计特色，传统文化及其衍生产品的市场价值没有被很好地认同与开拓。具体原因除了有盲目照搬中国传统文化元素导致作品很难与现代生活融合之外，还包括对于传统元素的创新设计极度匮乏。传统文化不是从诞生开始就一成不变的，它一定是随着历史阶段发展而不断变化的，所以当我们再去运用这些传统元素的时候，一定要从一种创新的角度去解读，在保留传统元素基本特征的基础上，运用现代设计规律、造型方法，这样才能让传统元素迸发出新的生命力，这也是传统元素能够永久散发魅力的重要途径。

二、广西少数民族传统服饰元素在箱包设计中的应用形式

随着社会的不断进步，人们在物质生活极大改善之后，审美需求也发生了较大变化，

对箱包产品提出了新的要求。广西少数民族传统服饰文化元素作为一种重要的文化载体和艺术表现形式，是当代箱包产品设计的重要灵感来源。广西少数民族传统服饰元素构成主要包括服饰材料、服饰色彩、服饰图案、传统工艺四个方面，以下将从这四个方面阐述少数民族传统服饰元素在现代箱包设计中的具体应用形式。

（一）服饰材料

少数民族服饰材料是服饰艺术中一项重要的审美要素，这些材料以其独特的用料、质地和色彩等显示出强烈的民族审美个性。如广西的壮锦、瑶锦、苗锦、侗锦，多以彩色丝线织造，风格古朴，色彩鲜艳明快，具有浓郁的民族风情。将少数民族服饰材料元素直接运用于箱包设计中是民族风产品设计最便捷的设计手段。

（二）色彩

色彩对于服饰品来说是最显眼的设计元素，产品色彩对消费者的购买判断有很大的影响，在产品设计中发挥着重要作用。中国传统服饰的色彩重点来源于五色，即赤色、黑色、黄色、青色和白色，各民族之间的服饰色彩由于信仰等因素的影响，也具有一定的差异性和独特性，如壮族服饰以黑色、青色、蓝色为主色调，彝族则以白色、青色、灰色为主色。少数民族色彩元素形成于先民们长期的生产和实践过程中，对色彩的认知和审美意象是各民族特殊的审美遗产。对于少数民族服饰的色彩元素，有些可以直接应用在设计中，但是有些色彩元素在应用的时候就要懂得取舍。

比如，苗族服饰作为我国少数民族服饰当中最为绚烂多彩的服饰之一，长期以来，苗族服饰一直保持着自己特有的风格，尤其是在色彩方面，艳丽纷呈。如在苗族服饰中的好五色服，其传统色彩多以红色、蓝色、黑色、白色、黄色为主，此类色彩中的红色、蓝色、黄色为高纯度色彩，搭配起来热闹抢眼。但在现代包品设计中，此五色各自为营，面积相当的话就容易产生过于民族性的特点，缺失了现代时尚感。

因此，在现代包品设计中可以某一色为主色，其他几色为辅助色和点缀色，如包身以红色为主，辅以蓝色刺绣或者其他饰品装饰，即为一种较为妥帖的配色方案，既保留了民族特点，又加强了现代时尚感。在此基础上，再结合流行色以及现代箱包的常用色特点，使之具有鲜明的民族特点的同时，又具备了良好的时尚感以及搭配性，焕发别具一格的生命力。在苗族服饰中，蜡染技艺历史悠久，且有着特殊的色彩美感。早期的蜡染色彩受工艺的限制，只有蓝色、白色两色，到后期逐渐发展到多色。而蜡染技艺中形成的具有肌理美感的色彩让人喜爱有加，在现代包品的设计中也可截取此技艺特点，如在皮革中尝试效仿此色彩特点。

（三）图案

图案是一个民族精神文明的象征，是文化观念的主要传播载体和物化形式。在这个信息爆炸的时代，人们能够通过互联网轻易地获取各种各样的图案类型，对于大众化的现代图案已经形成审美疲劳，所以要求现代箱包设计师要不断创新思想理念，注重图案设计内容和形式的改革，更好地满足消费者对于箱包产品的审美需求。

将图案运用于现代箱包设计中，既是对民族传统文化的传承，也是体现产品设计个性化的有效手段。在现代箱包设计中，对于民族传统图案元素的应用一般包括两种方式：一是直接运用，可以选取符合现代审美和包体风格的图案纹理直接应用于设计中，但应注意图案的位置以及应用面积；二是图案重构或抽象化处理，设计师可以选取图案典型的部分进行夸张、变形后重新组合或打散局部图案，也可以对图案元素进行抽象化处理，再应用于箱包设计中。

苗族是一个古老的民族，在苗族刺绣和蜡染中有许多精美的纹样。将苗族传统纹样运用到包包设计上。同时，结合苗族最传统的蓝染，设计出此系列包包，款式富有苗族韵味，十分时尚。图9-30为《苗韵》系列（作者：韦光云、梁伊静、陈秋菊，指导老师：黄玉立），灵感源于苗族文化的蜡染纹样，将蜡染纹样运用到包包设计中，苗族没有文字，他们的故事都在他们的画里，西南少数民族地区蜡染工艺有着深厚的文化历史底蕴。由于蜡染图案丰富，运用皮质面料、色调素雅、风格独特，用于箱包设计中，显得朴实大方、赏心悦目。

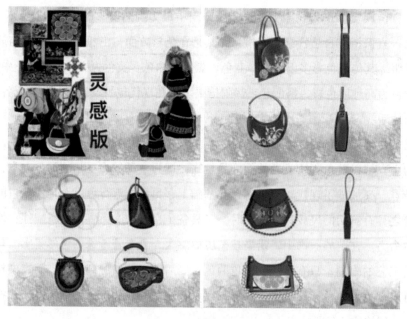

图9-30 《苗韵》系列

（四）民族传统工艺

少数民族传统工艺在民族服饰文化中属于重要的表现形式，具有显著性手工感和民族特色感。传统服饰工艺种类较多，包括刺绣、蜡染、扎染、挑花等。大多数情况下，对于同一种服饰工艺，不同的民族也会有不同的表现形式。

现代加工工艺与传统加工工艺由于科技的高速发展已经产生了巨大的变化与变革，如高新面料的出现，电脑绣花工艺以及各种高新装备的不断更新，人们的现代产品也越来越前卫与时尚，与传统的手工艺制作的服饰品产生了巨大差异。苗族服饰在服饰制作方面，始终保持着中国传统一贯的织和绣，还有挑和染等传统的工艺技法。通常情况下，编织使用的是比较简易的织机，主要是把不同颜色的经纬线通过编织绘制出各种不同的图案；对于挑花，主要是根据织物当中经线以及纬线经过交叉绘制形成不同的网眼，再用丝线经过串联，绘制成不同的"X"字形或者是"一"字形不同的小单位，然后运用此类小单位的连续以及延长经过组成各种不同的图案；对于蜡染，主要是蜡溶液当作防染剂在布面上编制出各种不同的图案，再通过染料浸染，去蜡之后漂洗干净，能够呈现出不一样的图案。传统手工艺呈现出来的质感利用现在的科技质感效仿总是感觉欠缺火候，失去了其原有的本质、特点，但完全的手工工艺不仅费时费力，制作出来的效果往往又容易过于传统，缺乏现代感。

参考文献

[1] 齐蒙. 广西世居少数民族服饰图案的数字化保护策略研究 [J]. 大众科技,2019,21(12):
141-143,160.

[2] 汤洁,胡淑琪,严建云. 三江侗族服饰图案的审美形式及现代应用 [J]. 包装工程,2019,40
(4):277-282.

[3] 刘霞,李江. 白裤瑶服饰印染技艺与传承:以广西南丹白裤瑶女子盛装为例 [J]. 轻纺工业
与技术,2020,49(5):4-5.

[4] 赵宇. 广西少数民族服饰手工艺背景下的各民族图案纹样差异性研究 [J]. 山东纺织经济,
2016(10):9-12.

[5] 郭呈怡. 文山州少数民族服饰图案研究 [D]. 昆明:昆明理工大学,2014.

[6] 胡蓉蓉. 设计美学在少数民族服饰图案纹样中的应用 [J]. 大众文艺,2014(6):116-117.

[7] 段辉红,陈素梅. 刺绣元素在现代礼服上的应用 [J]. 艺术科技,2017,30(4):69.

[8] 王雅娟. 瑶族服饰元素在现代礼服设计中的应用研究 [D]. 桂林:广西师范大学,2016.

[9] 高秀珍. 中国民族元素在现代礼服设计中的运用 [D]. 天津:天津科技大学,2016.

[10] 王艳. 浅谈苗族服饰元素在现代服装设计中的应用 [J]. 大众文艺,2014(3):107.

[11] 苏文雪. 苗族服饰元素在现代服装设计中的应用 [D]. 沈阳:沈阳师范大学,2012.

[12] 郭小影. 苗族服饰的造型及色彩特征 [J]. 缤纷,2017(4):67.

[13] 张玉华. 苗族传统服饰纹样中的图腾意象及其历史成因 [J]. 艺术教育,2014(10):89-90.

[14] 刘宝垚. 传统民族艺术在皮具箱包设计中的应用研究 [J]. 轻纺工业与技术,2020,49(8):
36-37.

[15] 金灿灿,陈启祥. 传统民族艺术元素在现代箱包设计中的融合探讨 [J]. 设计,2016(21):
138-139.

[16] 周莹. 中国少数民族服饰手工艺 [M]. 北京:中国纺织出版社,2014:40-134.

[17] 曹贞贞. 传统民族艺术元素在现代箱包设计中的应用 [J]. 文物鉴定与鉴赏,2019(14):
102-103.

[18] 王欣. 传统元素图案在现代鞋靴设计中的运用 [J]. 鄂州大学学报,2020,28(1):66-67.

[19] 彭鑫. 侗族亮布在服装设计中的创新应用 [D]. 北京:北京服装学院,2017.

[20]王克楠.黔东南七十二寨侗族服饰研究[D].上海:东华大学,2019.

[21]桑童.贵州侗族纺织艺术研究[D].苏州:苏州大学,2010.

[22]田兰兰.侗布的传承创新和商业前景研究[D].北京:北京服装学院,2014.

[23]沈从文.中国古代服饰研究[M].北京:商务印书馆,2019.

[24]杨光灿.四十八侗寨[M].昆明:云南人民出版社,2018.

[25]龚龑,王春玲,沈蓓,等.材料科学提升传统艺术让广西民族服饰走向时尚都市舞台[C].
北京粘接学会学术年会暨粘接剂、密封剂技术发展研讨会,2015.

[26]田兰兰.侗布地传承创新及其商业前景研究[D].北京:北京服装学院,2014.

[27]李鸿捷.浅析广西壮族服饰纹样中的平面构成[J].东西南北,2018(9):117.

[28]梁喜献,唐世斌,项载君.壮族服饰构图纹样研究[J].中国民族博览,2017(9):156–159.

[29]韦荣妹.广西瑶族文化元素在工艺品中的应用[J].信息记录材料,2017,181:147–148.

[30]李菲菲.广西瑶族服饰图案在绘画创作中的艺术研究[J].艺术品鉴,2018(33):183–184.

[31]杨晓萍,李彩丽,郑万明.黑龙江碑林及衍生品在旅游文化中的设计应用[J].美与时代
（上）,2020(12):31–34.

[32]高诗馨,周秘亦,王坤龙,等.广西民族旅游特色文创手工艺品发展研究[J].旅游与摄影,
2020(6):43–44.

[33]吴文艳.广西瑶族文化元素在服装图案设计中的运用[J].西部皮革,2019,41(21):78.

[34]陈丽明.研究广西巴马布努瑶传统民族服饰[D].成都:四川师范大学,2012.

[35]李慧.广西茶山瑶纹样传承解构初探——以金秀地区茶山瑶八角纹和几何龙纹为例[J].
轻纺工业与技术,2020,49(8):50–51.

[36]容婷.广西瑶族服饰研究[D].上海:东华大学,2017.

[37]玉时阶.瑶族服饰图案纹样的文化内涵[J].广西民族学院学报(哲学社会科学版),1994(1):
38–41.

[38]张议丹,李阳.广西瑶族服饰的民族元素在衍生产品设计中的应用[J].轻纺工业与技术,
2022,51(3):34–36.

[39]刘毅飞.广西瑶族服饰图案的审美精神转换[J].美术文献,2021(9):450–151.

[40]张煜璇.民族服饰的本土境域与现代建构——以广西龙州县为例[D].广西民族大学,
2020.

[41]郑娇娜.广西百色壮族服饰文化研究[D].天津:天津工业大学,2017.

[42]王瑞.民国时期黎族的服饰研究[D].海口:海南师范大学,2016.

[43]刘晓红.壮族服饰图案探微[J].艺术科技,2016(7):31–32.

[44]陆斐.那坡黑衣壮服饰文化的符号功能解读[J].南宁职业技术学院学报,2014(2):20–24.

[45] 孙国庆. 壮锦图案纹样艺术特色探究 [J]. 西部皮革,2020(16):51-52.

[46] 李西熙. 广西少数民族服装刺绣工艺研究 [J]. 化纤与纺织技术,2020(9):60-61.

[47] 玉时阶,玉璐. 广西世居民族服饰文化 [M]. 南宁:广西民族出版社,2018.

[48] 周素萍. 阳烂侗族传统银饰研究 [D]. 吉首:吉首大学,2017.

[49] 韦锦业,汤山东. 三江侗族银饰非遗技艺的传承保护与发展 [J]. 天工,2022(7):21-23.

[50] 韦雨芬. 三江侗族银饰纹样内涵及其审美特点 [J]. 纺织报告,2021,40(6):118-119,124.

[51] 李泊沅. 侗族银饰及其文化内涵 [J]. 艺术科技,2015,28(1):100.

[52] 蒋洁草,夏璐. 侗族非遗刺绣图案文化在油茶包装设计中的创新设计 [J]. 网印工业,
2021(9):27-32.